1199.
H.

VOYAGE

AU

CAP DE BONNE-ESPÉRANCE,

ET

AUTOUR DU MONDE

AVEC LE CAPITAINE COOK.

TOME SECOND.

VOYAGE

AU

CAP DE BONNE-ESPÉRANCE,

ET

AUTOUR DU MONDE

AVEC LE CAPITAINE COOK,

ET PRINCIPALEMENT

DANS LE PAYS DES HOTTENTOTS ET DES CAFFRES.

Par ANDRÉ SPARRMAN, Docteur en Médecine, de l'Académie des Sciences, et Directeur du Cabinet royal d'Histoire naturelle de Stockolm.

Avec Cartes, Figures et Planches en taille douce.

Traduit par M. LE TOURNEUR.

TOME SECOND.

A PARIS,

Chez BUISSON, Libraire, Hôtel de Mesgrigny, rue des Poitevins, n°. 13.

M. DCC. LXXXVII.

AVEC APPROBATION, ET PRIVILÉGE DU ROI.

VOYAGE

AU

CAP DE BONNE-ESPÉRANCE,

ET

AUTOUR DU MONDE

AVEC LE CAPITAINE COOK.

CHAPITRE VIII.

Continuation du Voyage à travers Lange-dal.

Le 9 octobre nous partîmes de Houtniquas. Nous repassâmes la grande et la petite rivière de *Brak*, et revînmes vers *Geelbek-rivier*, delà à *Hagel-craal* et *Artaquas-kloof*, où nous arrivâmes le lendemain. Nous y trouvâmes deux routes; l'une mieux frayée, mais tirant plus à l'ouest, par où nous envoyâmes notre chariot; l'autre plus montueuse, qu'on nous conseilla de prendre avec nos chevaux, comme la plus courte. Une petite négligence est souvent

1775.
Octobre.

Tome II. A

la cause d'une grande perte; et nous, pour nous être un peu amusés en chemin, nous fûmes surpris par la nuit et par la pluie, et manquâmes ce soir-là notre gîte. Nous en étions cependant si près, que nous entendions les aboiemens des chiens et le cri des coqs, mais il nous fut impossible d'y arriver. Après plusieurs tentatives inutiles, et après avoir enfilé plusieurs routes qui nous conduisoient dans des pâturages, des chemins de traverse que nous trouvions bornés par des touffes de bois impénétrables, ou par des portions de montagnes taillées en précipice, nous crûmes à la fin avoir retrouvé le grand chemin ; mais alors nous rencontrâmes une rivière, la plus profonde que nous eussions encore osé traverser sans la connoître ni la voir. Nous n'avions pas peur, il est vrai, de nous mouiller en la traversant ; car la pluie nous avoit déja pénétrés jusqu'à la peau : mais nous ne voulions ni l'un ni l'autre passer le premier, de crainte de trouver quelque trou ou quelque bourbier malencontreux. Nous avions avec nous un vieux cheval que je menois à la main depuis le matin. Il me vint à l'idée de le chasser devant nous, et de lui faire traverser la rivière, comme on envoie à l'attaque les enfans perdus d'une armée. Mais à peine fut-il à l'autre bord, qu'il s'enfuit à toutes jambes, et s'affranchit de l'esclavage où je l'avois tenu tout le jour. Mouillés, mourans de froid et de faim, car nous n'avions fait d'autre repas qu'un mince déjeûné, nous fûmes enfin obligés de passer la nuit au bel air, exposés au vent et à la pluie. Afin de n'être pas attaqués à l'improviste par les tygres, nous nous éloignâmes de la rivière et de la vallée, qui étoit couverte de buissons, et nous refugiâmes sur la montagne. Là, nous dessellâmes nos chevaux près d'un buisson isolé. Tout près étoit un précipice, qu'heureusement nous apperçûmes assez tôt pour pouvoir l'éviter. Nous attachâmes nos chevaux avec leurs licous, les deux pieds de devant ensemble, méthode fort usitée en Afrique. Nous les laissâmes paître à l'écart de nous, dans la vue que si quelque lion venoit sur nous, il trouvât d'abord de l'occupation avec eux; ou, si c'étoit un loup, ils ne pussent prendre l'effroi et s'enfuir. On se rappelle d'avoir vu plus haut la raison de cette précaution.

1775.
Octobre.

Lorsque nous nous sentions presque transis de froid, nous nous promenions haut et bas, tombant à chaque pas, sur le

A ij

1775.
Octobre.

sommet de la montagne, dont la pluie rendoit le terrain gras et glissant. Au reste, je ne sais si c'étoit une consolation pour nous ou un tourment, d'entendre sans cesse les maudits coqs du fermier.

Dès que le jour commença à paroître, sur les cinq heures, nous sellâmes promptement nos chevaux, et trouvâmes aisément le chemin de la ferme appelée *Hagel-craal*, qui n'étoit éloignée que de quelques portées de fusil. *Dirk Marcus*, qui en étoit le maître, joyeux vivant, déja sur le retour, dès qu'il nous eut abordés, nous fit beaucoup de complimens sur notre adresse et notre habileté à trouver les chemins. Cependant, lorsqu'il fut informé de toutes les difficultés que nous avions essuyées, il eut réellement pitié de nous; mais il nous gronda fort sérieusement de n'être point accoutumés à fumer. Si nous eussions été des fumeurs, nous disoit-il, nous aurions eu au moins les moyens d'allumer du feu. Avec la pipe on appaise la faim, et les heures ennuyeuses passent plus vîte. Il nous fit ensuite le récit de nombre d'aventures qui avoient marqué ses diverses excursions dans l'intérieur du pays, où il s'étoit fait une réputation de grand chasseur d'éléphans. Il nous donna plusieurs informations utiles et agréables.

Ce bon fermier envoya ses gens à la recherche de mon cheval égaré ; et lorsque nous prîmes congé de lui, le 13 à dix heures du matin, il nous prêta plusieurs excellens bœufs pour traîner notre chariot à travers la vallée montueuse nommée *Artaquas-kloof*. A six heures nous arrivâmes à *Paarde-craal*, petite rivière ainsi nommée, où nous restâmes jusqu'au lendemain 14. A midi nous atteignîmes *Zaffraan-craal*, où finit la longue et fatigante vallée *d'Artaquas*. Là nous renvoyâmes, suivant nos conventions, les bœufs du fermier, qui retournèrent par le même chemin. La vallée dont nous venons de parler est mise au nombre des terrains les plus froids et les plus *acides* ; on la regarde même comme inhabitable. Il y croît, dit-on, une herbe qui, d'après la description des Colons, est probablement une espèce *d'Euphorbia*. Il arrive souvent que les jeunes bestiaux, amenés des autres contrées, en mangent ; alors ils sont attaqués d'une dysurie ou rétention d'urine, souvent mortelle. On a observé alors dans l'urine et dans l'urèthre de ces animaux une substance semblable à de petits grumeaux de fromage. Le seul moyen qu'on ait trouvé de sauver l'animal

1775.
Octobre.

1775.
Octobre.

attaqué de cette maladie, est de lui donner la chasse et de le faire courir pendant un certain tems sans interruption, afin d'atténuer, de cuire et d'expulser la matière coagulée.

En tems de guerre ou de divisions intestines, le passage étroit *d'Artaquas-kloof* seroit nécessairement un poste de la plus grande importance; car il seroit la clé de tout le pays situé à l'est. On pourroit aussi placer à *Lange-kloof* et à *Kromme-rivier* des entraves qu'une armée en marche ne surmonteroit pas sans beaucoup de peine. L'étendue de terre qui environne *Zaffraan-craal* jusqu'à *Lange-kloof* est du genre nommé *Carrow*.

Dans la ferme de *Zaffraan-craal*, nous eûmes à subir une incommodité fort commune, nous dit-on, dans les *Carrows*: c'étoient des légions si nombreuses de mouches ordinaires, que les murs et les plafonds en étoient presque entièrement couverts. En effet, elles ne cessèrent pas un instant de nous molester, bourdonnant et volant par essaims dans nos yeux, notre bouche et à nos oreilles. Pendant quelque tems, il nous fut impossible de tenir dans la maison. Un vieil esclave alors y logeoit seul, et dormoit comme il pouvoit toutes les nuits, dans ce nid à mouches. Dans un canton particulièrement infesté de ces insectes, j'ai vu qu'on les attrapoit fort adroitement, de la manière suivante. Tout le long du plafond étoient suspendus des paquets d'herbes, sur lesquelles les mouches aiment à se poser. Alors une personne prend un réseau ou sac profond, adapté à un bâton; elle en entoure chaque paquet d'herbe, qu'elle secoue, ensorte que les mouches tombent au fond du sac. Après avoir réitéré plusieurs fois cette opération, on trouve dans le sac une chopine ou une pinte de mouches à la fois; on les tue en plongeant le tout dans l'eau bouillante.

1775.
Octobre.

Dans certaines parties du *Carrow*, où les mouches sont en plus grand nombre, se trouve un arbuste qui distille une substance à-peu-près de même nature et de même consistance que le goudron. Les mouches aiment à s'y poser, et y restent empêtrées. On trouve aussi dans le *Carrow* un autre arbuste, qui croît dans les terres *arides*, et qu'on nomme *Cannabosh*. C'est de là que tout le pays des environs se nomme terre de *Canna*, et non de *Canaan*, comme M. *Mason* l'a appelée dans les *Transactions philosophiques*. Dans le fait, d'après l'extrême sécheresse de ce canton, au lieu de l'honorer du beau nom de terre de *promission*, il eût mieux fait de le nommer terre *d'affliction*. Une route entre *Artaquas* et *Lange-kloof*, inclinant un peu plus au sud que celle par laquelle nous vînmes, passe sur une montagne haute et escarpée, qui, de l'arbuste dont je viens de parler, est appelée *Cannas-hoogte*, hauteur de *Canna* (*).

C'étoit une chose curieuse que la manière

(*) Après avoir examiné cet arbuste *Canna*, j'ai trouvé qu'il doit être regardé comme formant une espèce nouvelle de *salsola*. C'est par cette raison que dans mes descriptions de plantes manuscrites, je l'ai appelé *salsola caffra, foliis minutis subrotundis, carnosis, concavis, imbricatis.* Les feuilles ont un goût amer et salé; et brulées avec l'arbrisseau entier, elles produisent des cendres fortes, très-propres à faire du savon. Aussi les fermiers du *Carrow* donnent à la culture de cette plante une attention particulière. L'arbuste *Canna* diffère beaucoup dans sa fleur du caractère générique de la *salsola*, dont il est parlé dans la sixième édition du *Genera plantarum*; car cette espèce a un *style* petit et flétri, avec deux ou trois *stigmates* bruns. Les autres parties de son caractère distinctif sont, *Stam. fil. breviss. antheræ cordatæ, calix perianth. persistens, capsula 5 valvis, 1 locularis*, et *semen 1 cochleatum*, comme dans la *salsola*, ou à-peu-près comme un ressort de montre roulé en spirale.

industrieuse avec laquelle le seul esclave qui étoit alors à *Zaffraan-craal*, et qui avoit le maniement absolu de toute la ferme; comment, dis-je, avec le secours de deux autres Hottentots, il avoit su amener l'eau par des canaux et des rigoles, dans le jardin et dans des champs de blés, dont l'épi commençoit dès lors à poindre. Partout, il avoit fait des écluses, au moyen desquelles tout le terrain pouvoit être en un instant baigné, et demeuroit toujours couvert d'une délicieuse verdure. Dans tous les autres endroits le sol étoit rôti et aride comme le grand chemin, en sorte que, nous étant mis en marche la nuit pour profiter du frais, nous fûmes bientôt obligés de revenir sur nos pas, et d'attendre jusqu'au lendemain matin, que nous pussions distinguer le chemin au milieu des landes et des campagnes.

Nous continuâmes donc notre route le lendemain, et après avoir passé *Morass-rivier*, nous arrivâmes à celle de *Canna*, appelée par d'autres *Klein dorn-rivier*, où nous nous arrêtâmes pour rafraîchir. Nos bœufs et nos chevaux n'y trouvèrent d'autre verdure, que quelques roseaux (*arundo phragmites*), dont les attelages des voyageurs, qui avoient avant nous passé par cet endroit, avoient presque dégarni la rivière. Nous fûmes cependant obligés de rester plus long-tems que nous ne l'aurions dû, dans une place si nue, pour nous régaler nous-mêmes d'un plat apprêté par nos mains. C'étoit une espèce de perdrix que je venois de tuer, et depuis trois jours nos estomacs se plaignoient de n'avoir consumé que du pain grossier de nos Hottentots, et un peu de thé : il m'échut en partage de plumer l'oiseau ; M. Immelman se chargea de l'assaisonner, et il se montra, il faut l'avouer, maître passé dans l'art de fricasser. Un peu de graisse de queue de mouton, que nos Hottentots avoient apportée pour leur usage, unie à une quantité suffisante d'eau pure, exhaloit avec la perdrix un parfum dont je ne puis bien décrire la suavité, tant il excitoit dans les deux organes du goût et de l'odorat, de délicieuses sensations. Mais, ô malheur ! nous n'avions songé ni l'un ni l'autre à la vider. Lorsque nous vînmes à la partager en deux, la sauce, que nous avions trouvée si délicieuse, devint en un instant dégoûtante et fétide. Nos Hottentots rirent à gorge déployée de notre oubli, et plus encore de notre délicatesse, et dévorèrent à belles dents notre triste ragoût.

1775.
Octobre.

Nous fûmes après cela surpris par la nuit, avant de pouvoir arriver à la ferme prochaine. N'appercevant plus la route, nous nous engageâmes dans des labyrinthes de buissons et de ronces: nous fûmes donc obligés de nous arrêter et de nous préparer, nous et nos animaux, à souffrir jusqu'au lendemain matin, la faim, la soif et de plus le froid; qui nous pénétroit jusqu'aux os ; car quoique le jour eût été extrêmement chaud, la nuit n'en fut pas moins glaciale : cependant vers le minuit la lune se leva et nous montra plus distinctement notre route. Nous arrivâmes enfin à une ferme nommée *Zand-plaat* près de *Klein dorn-rivier*.

Le lendemain matin, ce ne fut pas sans étonnement que nous y vîmes d'innombrables troupeaux de moutons, et leur excessif embonpoint, comparé avec la sécheresse horrible et l'aridité du terrain. Lorsqu'on veut tuer un mouton dans ce canton, on cherche toujours le plus maigre du troupeau. Il seroit impossible de manger les autres. Leur queues sont d'une forme triangulaire, ont d'un pied à un pied et demi de long, et quelquefois plus de six pouces d'épaisseur près de l'anus. Une seule de ces queues pèse ordinairement de huit à douze livres; elle est principalement formée d'une graisse fort délicate, que quelques personnes mangent avec le pain au lieu de beurre; on s'en sert pour apprêter des viandes, et quelquefois on en fait de la chandelle.

Ce terrain est *carrow* et chaud. On y fait de bon vin; mais je ne puis en dire mon avis, attendu que le fermier avoit déja vendu et consommé totalement celui qu'il avoit fait. Mais à *Lange-kloof*, qui est un canton *acide*, on n'y fait pas une seule goutte de vin.

Quelques Hottentotes avoient obtenu la permission de bâtir leurs huttes près de cette ferme; et un des Hottentots esclaves du fermier, y étoit demeuré, depuis plusieurs jours, malade d'une fièvre épidémique, à laquelle la saignée ne pouvoit être que contraire. Cependant, pour tirer ce misérable des griffes de son maître, qui, ayant une confiance sans bornes à ce remède, avoit déja aiguisé son couteau pour le saigner lui-même, je fus forcé d'entreprendre

l'opération. Le malade, qui ne pouvoit ou ne vouloit rendre aucun compte de l'état dans lequel il se trouvoit, avoit, avant la saignée, le pouls très-foible ; durant l'opération il fut pris d'un tremblement général, et, après que son bras fut bandé, de tiraillemens convulsifs, quoique je lui eusse tiré fort peu de sang. Nous le laissâmes bien plus foible que nous ne l'avions trouvé. Cependant mon hôte étoit fort satisfait, et très-persuadé que le tremblement alloit bientôt cesser. Il ordonna à sa femme de me donner, en récompense de ma peine, de tout ce qu'il avoit de meilleur dans sa maison. Cependant, demi-heure après, on vint nous dire que le pauvre Hottentot étoit sur le point d'expirer. J'avoue que je me reprochai intérieurement d'avoir été en quelque sorte l'instrument de sa mort. Mais pour soulager ma conscience, je ne manquai pas de reprocher amèrement à mon hôte, que son obstination avoit été la principale cause de ce malheur. Le bon homme sembloit aussi touché que moi. Il me parut si profondément affligé, que j'allois essayer de le consoler, lorsque, rompant le silence avec un profond soupir, il me répondit avec chaleur :
« Au diable le chien de Hottentot ! Où

1775. Octobre.

« trouverai-je un autre conducteur de
« bœufs, pour porter mon beurre au Cap ? »

Nous allâmes voir les cérémonies pratiquées sur l'agonisant. Voici en quoi elles consistoient : les autres Hottentots remuent, secouent, battent à coups de poing leur compatriote mourant, ou même mort. Ils lui crient aux oreilles, et lui glissent souvent un mot de reproche de ce qu'il veut mourir. Ils n'oublient ni les paroles consolantes, ni les promesses, pour l'engager à ne pas quitter ce monde, comme s'il dépendoit de sa volonté de mourir ou de vivre encore. J'ai vu cette cérémonie accomplie à la lettre sur le jeune homme que j'avois saigné, par deux vieilles Hottentotes. Je craignis à la vérité qu'à force de se livrer à ce pieux exercice, ils n'éteignissent la legère étincelle de vie que nous appercevions encore en lui ; mais au contraire, le patient revint peu-à-peu à lui même ; il sembloit qu'à force de le secouer et de le battre, les vieilles femmes avoient ranimé la circulation languissante, et remis les esprits vitaux en mouvement. Cependant nous ne négligeâmes pas, mon hôte et moi, de nous faire apporter promptement de l'eau de vie, et d'en humecter ses lèvres et son nez. Cette défaillance avoit été une suite de l'imprudence des gardes, qui l'avoient laissé courir hors de la maison durant le transport de la fièvre. On me dit, à mon retour, que tout foible et fatigué qu'il étoit, en dix ou douze jours il fut parfaitement rétabli, devint si courageux et si fort, qu'il s'étoit évadé de chez son maître pendant le prochain voyage qu'il fit au Cap.

1775.
Octobre.

Le fermier avoit une loutre bien empaillée, que j'ai déposée depuis dans le cabinet de curiosités de l'Académie des Sciences. Comme c'étoit une rareté pour le pays, il avoit intention d'en faire présent au Gouverneur; mais il fut si reconnoissant et si charmé de la saignée que j'avois faite à son Hottentot, qu'il me donna la loutre. (*)

(*) Cet animal sembloit être de la même espèce que nos loutres d'Europe, et n'en différer que par la grosseur et par une couleur plus claire : la longueur de son corps, du nez à la racine de la queue, étoit de deux pieds et demi, et la queue même avoit plus de dix-huit pouces de long. Il est probable que cet animal vit principalement d'une espèce de crabe rond ; car dans les eaux douces de toutes les rivières que j'ai marquées sur ma carte, on n'y trouve pas, que je sache, plus de deux sortes de poissons, encore y sont-ils en petite quantité : une petite dorade dont j'ai oublié de décrire l'espèce, et le *cyprinus gonorynchus*, à-peu-près de la grosseur d'un hareng ordinaire.

1775.
Octobre.

Le 17, nous quittâmes le *Carrow*, et entrâmes dans le district de *Lange-kloof*, (ou Longue vallée), qui commence à *Brak-rivier*. Je fus obligé d'ajouter à mon attelage une autre paire de bœufs, que j'achetai huit rixdalles pièce; la femme du fermier qui me les vendit, et qui paroissoit avoir la direction de toute la maison, me les garantit sans le moindre défaut. Peu de tems après que nous fûmes sortis de la ferme, nous nous apperçûmes que l'un d'eux étoit à-peu-près estropié d'une jambe, ce qui nous fit naître quelques soupçons sur la probité de notre belle vendeuse. Mais ses voisins nous assurèrent, à l'honneur de sa bonne foi, que le bœuf eût pu être estropié des quatre pieds, sans que nous eussions eu à nous plaindre d'autre chose que de notre crédulité. Elle et son mari, nous firent également dupes dans le marché d'un cheval que nous laissâmes en chemin. Peu de tems après cette époque, ils allèrent l'un et l'autre s'établir au Cap, dans l'intention d'y monter un commerce. Ils n'en exercèrent pas moins envers nous l'hospitalité dans toute l'étendue du mot, le tems que nous restâmes à leur ferme, et ils mangeoient eux-mêmes avec un appétit qui

faisoit

faisoit notre étonnement. Si l'hospitalité et ici une vertu généralement pratiquée, et forme vraiment un trait caractéristique et dominant dans la physionomie de cette nation, il me paroît, d'après plusieurs expériences, que l'astuce et la fraude dans les marchés et le commerce sont aussi dans la colonie un penchant dominant et général, et qu'elles ne sont point à leurs yeux un vice honteux, comme elles le sont aux nôtres, et méritent en effet de l'être.

1775.
Octobre.

Dans le voisinage de *Brak-rivier*, de même que dans plusieurs autres endroits de *Lange kloof*, ils se plaignent beaucoup de cette herbe *dysurétique*, qui croît aussi à *Artaquas-kloof*; mais personne n'a jamais pu m'indiquer ni me montrer cette herbe (*).

Près de la source de *Keurebooms-rivier*, étoit une ferme, d'où l'on pouvoit, par un sentier fort difficile, aller à pied en un jour à *Algoa-bay* dans le *Houtniquas*. Pott-

---

(*) Je fus consulté dans ce canton par une femme mariée qui, autant par ignorance que par impatience, avoit arraché, morceau à morceau, son uterus, qui étoit dans un état de relâchement et de descente, sans qu'il en fût résulté aucune suite funeste.

Tome II. B

rivier est aussi nommée *Chamika*. N'ayant pu, faute de place, la désigner par ce nom dans ma carte, je crois à propos d'en prévenir ici les voyageurs futurs.

Etant allés, M. Immelman et moi, sur nos chevaux, errer çà et là, insensiblement nous devançâmes de beaucoup le chariot, et quand la nuit vint, nous nous égarâmes: nous eûmes cependant le bonheur d'arriver enfin à une ferme, non loin de *Pott-rivier*. Nous la trouvâmes, habitée par quelques Hottentots, que le Colon y avoit laissés pour la garder. M. Immelman leur demanda la route en Hollandois et en Portugais; mais quoiqu'il leur promît pour boire, et quoiqu'ils entendissent parfaitement ces deux langues, comme on nous l'a assuré par la suite, ils ne voulurent jamais lui répondre; en revanche, ils nous rompirent la tête de leur jargon, dont nous n'entendions pas une syllabe. Je ne sais à quoi attribuer ce bizarre procédé, s'il venoit d'une malignité dont il faut chercher la source dans la dépravation de la nature humaine, ou plutôt d'une rancune bien fondée, invétérée dans le cœur de cette nation, contre les Colons Chrétiens. D'autres Chrétiens, nous a-t-on dit depuis, ont été accueillis de la même manière par des Hottentots; mais quelques-uns, pour jouer pièce à ces pauvres esclaves, ont feint d'ignorer la langue Hottentote, et écouté, sans exciter de soupçon, toutes leurs réponses : leur babil, dans ce moment, n'étoit que des injures, des railleries piquantes qu'ils lançoient avec un plaisir indicible, et, croyoient-ils, avec impunité contre le Chrétien présent ; jusqu'à ce qu'enfin celui-ci levant le masque, leur fit durement sentir qu'il avoit tout entendu.

1775.
Octobre.

Ne pouvant obtenir aucune lumière de ces Hottentots, nous cherchâmes le chemin nous-mêmes. Mais comme je croyois l'avoir retrouvé, et que je traversois la rivière sur mon cheval, il s'enfonça tout-à-coup dans la vase jusqu'à la selle. Je m'en dépêtrai, moi, comme je pus, et je gagnai le bord ; mais j'eus beaucoup de peine à retirer mon cheval de la fondrière. Nous fûmes obligés d'attendre, avec notre chariot, qui nous suivoit, le point du jour, pour trouver le véritable gué de la rivière. Le lendemain 22, nous avançâmes vers la rivière *Ku-Koi*, qu'ils prononcent *t'Ku-t'Koi*.

Ce nom, qui signifie *chef* ou *maître*, a

probablement été donné à cette rivière, à cause qu'elle est le premier bras, ou plutôt la source de la grande rivière *t'Cam-t'Nasi*, qui se décharge encore dans celle de *t'Camtour*. La ferme près de la rivière *Ku-koï*, est appelée l'*Aventure*. Des montagnes voisines, nous vîmes la mer, mais d'autres montagnes intermédiaires nous ôtoient totalement la vue de *Houtniquas*. Et l'on n'a jamais tenté d'aller à *Houtniquas* en traversant ces montagnes

Nous restâmes à *Lange-kloof* jusqu'au 31, et nous y achevâmes le mois d'octobre.

A *Apies-rivier*, je vis un vieux *Boshi* avec sa femme, qui, à ce que me dit le fermier nommé *P. Vereira*, régnoit encore quelques mois auparavant, sur plus de cent Boshis. Mais le fermier les avoit transférés de cette principauté ou dignité patriarchale, à l'état de bergers, en leur confiant la garde de quelques centaines de moutons. Au reste, il en faisoit les plus grands éloges. Ils ne ressembloient, disoit-il, en rien aux autres Hottentots. Actifs et soigneux dans leur besogne, ils se contentoient du lot qui leur étoit échu, et savoient accommoder leurs inclinations à leur fortune. Il est possible, en effet, que ce couple de vieillards, par une suite de leur expérience et de leur bon sens, trouvassent un bonheur plus réel et plus grand à se voir à la tête d'un troupeau de moutons, qu'à s'asseoir sur un trône environné de sujets. J'admets même que le fermier ait eu raison de dire que son troupeau profitoit davantage sous les yeux de ces illustres personnages, plus éclairés sans doute que les autres. Il n'en est pas moins vrai que c'est une violence qui crie vengeance au ciel, d'oser arracher à une société entière le chef qui la gouverne, parce qu'il peut en résulter quelque avantage pour un troupeau de moutons, la propriété d'un vil paysan.

1775.
Octobre.

En nous promenant à cheval, nous vîmes sur-tout dans *Lange-kloof*, un grand nombre de Hottentots fugitifs des deux sexes, qu'on ne poursuivoit point, soit qu'ils fussent âgés et infirmes, soit que quelques autres Colons n'eussent pas voulu se donner la peine de les arrêter, pour être obligés peut-être des les rendre à leurs premiers maîtres. Un de ceux que je rencontrai sur la route, un homme fort vieux, mourut m'a-t-on dit, le lendemain, de foiblesse

B iij

1775.
Octobre.

et de fatigue. La plupart de ces fugitifs portent un gros bâton, au bout duquel est ordinairement adaptée une grosse pierre arrondie, formant la tête, et percée par le milieu. Cette tête ou pomme, du poids de deux livres ou plus, donne au bâton plus de force, lorsqu'ils veulent déterrer des racines ou des plantes bulbeuses, ou percer les monticules d'argile épaisse et durcie, élevées à la hauteur de plus de trois ou quatre pieds par une espèce de fourmis (*termes* *) qui fait une grande partie de la nourriture de ces Boshis. Souvent j'ai vu avec peine quelques-uns de ces pauvres vieillards fugitifs épuiser, sur ces monticules endurcis, le reste de leur force, pour n'y trouver, lorsqu'ils sont enfin brisés, qu'un autre animal usurpateur, qui, après s'être glissé dans le nid, a mangé les fourmis et consumé toutes leurs provisions.

Dans une ferme où j'étois, à *Langekloof*, plusieurs Hottentots fugitifs vinrent mendier en suppliant un peu de tabac. Ils avouèrent qu'ils étoient venus de *Houtni-*

───────────────

(*) On trouvera dans le cours de cet ouvrage une description détaillée de ce merveilleux insecte.

quas, par dessus les montagnes ; qu'ils y avoient eu à la vérité un fort bon maître ; mais qu'ils aimoient mieux retourner dans leur pays, sur-tout depuis que la mort d'un de leurs compagnons leur faisoit une loi de changer de demeure.

Nous trouvâmes à *Krakkeel-rivier* un terrain rocailleux et plusieurs monceaux de cailloux, qui étoient là depuis un tems immémorial. Nous ne pûmes conjecturer pour quel but et à quelle occasion ces amas avoient été formés.

Dans une vallée voisine, je vis plusieurs larges trous, au milieu desquels étoit un pieu affilé ; c'étoient des pièges pour attraper de gros gibier. Je vis le moment ou nous étions pris dans un de ces pièges, moi et mon cheval.

Les montagnes près de *Klippen-drift* sont, nous dit-on, habitées par une race de Hottentots, nommés, d'après le lieu de leur résidence, *Hottentots des montagnes*. Ils sont sans doute des *Boshis*, de l'espèce de ceux dont j'ai parlé, vivans du bétail qu'ils volent, de gibier et de végétaux. Les fermiers des environs ont soin d'empêcher que leur bétail ne s'écarte jamais de la ferme.

1775.
Octobre.

A *Zwarte-kloof*, ferme située entre *Krakkeel* et *Wagen-booms-rivier*, on me montra une petite Hottentote âgée d'environ dix ans, qui, quoique née et élevée au service de cette ferme, annonçoit les inclinations hottentotes, et savoit déja la manière de s'évader. Elle étoit une fois disparue, et n'avoit vécu pendant quinze jours, que des productions sauvages des champs et des bois : elle avoit cependant conservé son embonpoint, et étoit enfin revenue à la ferme, saine et en bon état. La raison qu'elle-même donna de son retour, fut qu'après s'être égarée à une grande distance, elle avoit un jour apperçu une bête énorme, qui, d'après sa description, paroissoit être un lion : elle en avoit été si épouvantée, qu'elle avoit pris à l'instant le parti de revenir à la maison.

Tous les habitans des environs de *Wagen-booms-rivier* disent qu'on trouve en cet endroit, un lézard noir comme le charbon, d'environ un pied de long, et qu'on croit fort venimeux. Les Hottentots montrent à sa vue la plus grande frayeur ; cependant cet animal est, dit-on, fort rare. Les monceaux de pierres élevés près de cette rivière, servent aussi de refuge à un grand nombre de ces petits animaux, que Pallas décrit sous le nom de *cavia-capensis* (*), et que les Colons nomment *dasses* ou blaireaux. Ils ont quelque affinité avec les marmottes ordinaires, et sont à peu-près de la même grosseur. Beaucoup de gens les mangent, et les regardent comme un mets fort délicat, on les apprivoise fort aisément, et on en trouve dans plusieurs autres endroits des montagnes d'Afrique. Les îles *Dassen*, situées sur la côte occidentale d'Afrique, ont tiré leur nom de ces petits animaux (**).

1775.
Octobre.

(*) Cet animal est du même genre que le *cochon de Guinée*, ou *cavia cobaya*.

(**) On trouve dans les montagnes habitées par ces animaux, une substance qu'on appelle ici *dassen-piss*. Elle ressemble au *petroleum*; et plusieurs personnes qui l'ont examinée, l'ont en effet regardée comme une véritable huile de pétrole. On l'emploie aussi en médecine, et on lui suppose des vertus qui passent toute vraisemblance; mais comme cette substance ne soutient point les mêmes épreuves que le *petroleum*, et que d'ailleurs elle ne se trouve que dans les lieux fréquentés par les *dasses*, j'ai de fortes raisons de croire qu'elle provient de cet animal même, et qu'elle n'est autre chose que son excrétion menstruelle. Des observations faites sur une femelle de cette espèce, ont donné lieu à cette con-

**1775.
Octobre.**

La rivière de *Drie Fonteins* (des Trois Fontaines), la dernière de Lange-kloof, est la source de quelque grande rivière, qui coule dans le *Sitsikamma*.

jecture. On a remarqué d'ailleurs qu'on trouve souvent dans cette substance les excrémens des *dasses*, et rarement autre part.

La température de l'air pendant ce mois d'octobre, fut, à peu de chose près, la même que dans le mois précédent. Les jours pluvieux furent les 9, 10, 19, 20, 22, 23, 26, 27 et 28.

CHAPITRE IX.

Suite du voyage, de Lange-dal à Sitsi-kamma, et de là à la rivière de Zee-koe.

Le 1er. novembre, nous nous mîmes en marche pour *Kromme-rivier*, ou *rivière tortueuse*, ainsi nommée de ce qu'elle suit les sinuosités sans fin, d'une vallée fort étroite. Cette rivière est fort bourbeuse, et nous en trouvâmes le passage d'autant plus incommode, qu'il nous fallut la traverser huit fois avant de gagner *Essen-bosh*, où nous arrivâmes cependant le lendemain 2 novembre.

1775. Novemb.

Le nom d'*Essen-bosch* est donné à une étendue de pays couvert de bois le long d'*Essen-rivier*; et le bois et la rivière ont reçu leur nom d'un arbre appelé *Esse* (frêne). Je transcris ici en note la description que j'ai donnée de cet arbre dans les transactions de l'Académie royale de Suède (*).

(*) Ce végétal est un arbre très-élevé, qui paroît propre à la construction. Je l'ai trouvé à environ 180 lieues N. E. du Cap de Bonne-Espérance. Les colons Hollandois appellent cet endroit *Essen-bosh*, forêt de *frêne*, et l'arbre même

Le sol de ce canton est regardé comme acide. Un fermier avoit tout récemment porte le nom de frêne. Il a été jusqu'ici absolument inconnu aux botanistes, et il doit être rangé dans la dixième classe, pour y former un genre à part.

Quant au nom d'*Ekebergia Capensis*, que j'ai donné à cet arbre, j'ai été bien aise de saisir cette occasion de témoigner ma juste reconnoissance à celui qui, jaloux de l'avancement de l'histoire naturelle, m'a procuré la facilité de botaniser parmi les rares productions de cette contrée. En cela d'ailleurs, je n'ai fait que suivre la louable coutume de plusieurs savans, à qui la botanique doit tant, et qui ont mis leur nom en sureté sous la dénomination d'une fleur. Ainsi, j'ai donné à ce végétal le nom d'un membre de l'Académie royale, M. *Charles-Gustave Ekeberg*, qui non seulement a le premier apporté de Chine en Suède et en Europe le thé vivant, mais encore a rassemblé, dans différens voyages aux Indes orientales, des plantes tout-à-fait inconnues, sans compter nombre d'autres curiosités naturelles dont il a enrichi les collections de l'Académie des Sciences, celles du feu docteur *de Linné*, et d'autres naturalistes.

Pour plus de clarté et de briéveté, je vais donner en langage botanique la description et les signes reconnoissables de cet arbre.

Caulis arbor procera, cortice cinerascente, ramulis ex casu foliorum nodosis.

Folia pinnata sæpius absque impari foliola 4—6 paria, palmaria, integra lanceolata, subacuminata, venulis satis reticulata, sessilia, margine altero angustiore.

Petiolus universalis à bipalmari ad pedalem magnitudinem, subtriqueter, suprà planiusculus.

Paniculæ axillares, rameæque, palmares. Pedunculus universalis compressiusculus, levis pedicelli lanati.

Calix perianthium 4: partitum, foliolis ovatis, parvis, intùs extùsque villoso-lanatis.

choisi cet endroit pour le cultiver et y vivre. Quant à présent, il n'avoit point d'autre maison qu'une hutte composée de feuilles et de chaume. Je trouvai et décrivis en cet endroit plusieurs autres arbres et arbustes que je n'avois point encore vus. J'y vis, en plus grand nombre qu'ailleurs, cette espèce particulière d'insectes, décrite par le professeur *Thunberg*, sous le nom de *pneumora*(*).

Corolla petala 4, calice paulò majora, lineari circiter magnitudine, subrotunda, colore ac pubescentia ferè ac in calice.

Nectarium annulus basin germinis cingens.

Stamina filamenta sunt corpuscula 10, latiuscula, subcohærentia, pubescentia.

Antheræ erectæ, acutæ, filamentis angustiores.

Pistillum stylus cylindraceus, brevis. Stigma capitatum, perforatum.

Germen superum.

Bacca 5 sperma globulosa, diametro circiter semiunciali. Recens sapore erat farinoso amaricanti. Semina nuclei 5 figurâ et magnitudine seminum citri.

(Trans. philos. de Suède pour l'année 1779, IVe. quart. pag. 282.)

(*) V. les trans. de Suède, tom. XXXVI, pag. 254. Cette espèce, à laquelle doit être aussi rapporté le gr. *papillos*, FABR. est composée de, 1°. pn. *immac.* (grill. *unicol.* LINN.); 2°. pn. *mac.* (gr. *variolos*, LINN. et FABR.); 3°. pn. *sex gutt.* (gr. *inan.* FABR.).

Ces insectes sont longs de deux à trois pouces. On trouve toujours leur abdomen vide, excepté un seul petit intestin, tout-à-fait transparent, soufflé et tendu. Les Colons les nomment, pour cette raison, *blaaʒops*, et on dit qu'ils ne

1775.
Novemb.

Le 3, nous rafraîchîmes à la ferme voisine, qui étoit sur l'autre côté de *Diep-rivier*. Plusieurs Hottentots de la race des *Boshis* étoient au service du fermier, et avoient leurs huttes près de la ferme : ces huttes étoient faites de chaume, mais la plupart étoient alors recouvertes de larges bandes de chair d'éléphant, coupée en zigzag, par tranches de deux, trois et quatre doigts d'épaisseur, et qui pendoient à la longueur de plusieurs brasses. Les unes enveloppoient les huttes, d'autres atteignoient d'une hutte à l'autre, toutes étoient là pour sécher. Dans cette saison, hommes, femmes et enfans n'avoient autre chose à faire, que de dormir, fumer et manger de la chair d'éléphant. Quoique jeusse mangé du chien dans la mer du Sud, la vue et l'odeur du mets offert à mes yeux, m'ôtèrent tout

---

vivent que de vent. Dans le jour, ils sont ordinairement silencieux ; mais dans les endroits qu'ils fréquentent, on entend quelquefois le soir le bruit qu'ils font de tous côtés : c'est un son tremblottant et assez fort. Ils sont aisément attirés la nuit par quelque grande lueur, et attrapés plus aisément encore. Mais ils sortent rarement d'eux-mêmes durant l'obscurité. Quelqu'un m'a assuré qu'on les déterminoit facilement à quitter leurs trous, en faisant du bruit, en les appelant et allant à leur rencontre ; mais lorsqu'il en voulut faire l'épreuve en ma présence, elle ne réussit pas.

desir d'en goûter ; cette chair étoit d'ailleurs exposée au soleil depuis plusieurs jours, et quand j'en aurois fait l'essai, on ne s'en seroit pas rapporté à mon goût, et j'aurois de plus encouru le mépris des Colons, qui regardent comme une action horrible, de manger la chair d'un éléphant, presque aussi horrible que de manger de la chair humaine. L'éléphant est, selon eux, un animal fort intelligent ; il pleure lorsqu'il est blessé, ou quand il voit qu'il ne peut échapper, et les larmes roulent sur ses joues comme sur celles de l'homme dans l'affliction. Je voulois aller à cheval à la plaine où l'éléphant avoit été tué, pour en voir le squelette : on m'assura qu'il seroit trop tard, et que les loups en avoient déja fait leur proie.

1775.
Novemb.

Celui auquel les Hottentots faisoient fête, étoit, à ce qu'ils supposoient, un jeune mâle ; car ses défenses n'avoient que trois pieds de long, et ses plus grandes mâchelières, que quatre pouces de large (*).

(*) Une mâchelière d'éléphant que me donnèrent au Cap quelques chasseurs, et que j'ai déposée dans le cabinet de l'Académie royale des Sciences, a neuf pouces de large, et pèse quatre livres et demie, quoiqu'on puisse reconnoître à des marques évidentes, que cette dent étoit une des plus

1775.
Novemb.

Ses oreilles atteignoient, nous dit-on, des épaules d'un Hottentot de moyenne taille, jusqu'à terre. Il restoit encore à la ferme un de ses pieds de devant, qui n'avoit point été disséqué. La peau n'en étoit pas à beaucoup près si compacte que celle du rhinoceros et de l'hippopotame ; mais le tissu en paroissoit composé de plus fortes fibres, et de plus gros vaisseaux sanguins. Sa surface extérieure étoit plus inégale, ridée et noueuse, et l'on n'eût pu s'en servir pour faire des fouets, comme de celle des deux autres animaux. Le pied étoit presque rond, et n'avoit guère plus de diamètre que la jambe, qui en avoit à peine un pied. Les ongles devroient, à ce qu'il semble, être toujours au nombre de cinq ; mais cette règle, comme l'a observé M. de Buffon (tome XI, pag. 68), n'est pas invariable. Celui-ci n'en avoit que quatre, dont les plus grands étoient sur le côté extérieur du pied, et les plus petits n'avoient qu'un pouce de diamètre chaque. La peau sous

---

intérieures, et qu'elle n'avoit pas atteint sa pleine grosseur ; car elle étoit encore plus des deux tiers couverte par la gencive. La distance de la racine au sommet de la dent, ou son élévation au dessus de l'alvéole, paroissoit avoir été de trois pouces.

le

le pied ne paroissoit pas d'une contexture plus épaise, ni plus fermes que celle des autres parties du corps.

Ils supposoient que cet éléphant avoit été forcé de quitter le troupeau, et chassé par d'autres mâles plus forts, de Sitsikamma, où les éléphans trouvent, dans les forêts épaisses, un asile ou plutôt une place fortifiée contre les attaques de leurs ennemis. Quant à *Lange-kloof*, et aux autres endroits que les Chrétiens ont commencé d'habiter, ces animaux ont été obligés d'en sortir. Voici, d'après le récit des chasseurs mêmes, deux fermiers de ce canton, la manière dont ils prirent cet éléphant.

Le soir même qu'il apperçurent l'animal, ils prirent aussitôt la résolution de le poursuivre à cheval : ils étoient loin d'être habiles à cette chasse; car ils n'avoient jamais vu d'éléphans. D'après leur description, celui-ci devoit avoir onze ou douze pieds de haut; les plus gros de cette espèce en ont, dit-on, quinze ou seize (*). Leurs

---

(*) Si cette assertion des habitans du pays est vraie, les éléphans d'Asie sont bien inférieurs en grosseur à ceux d'Afrique. M. Wolf, qui a été dix-neuf ans à Ceylan, où sont les plus grands éléphans, et qui a été à portée de se procurer les meilleures informations sur ces animaux, parle de douze

chevaux, quoiqu'aussi peu accoutumés que les écuyers, à la vue de ce colosse, ne tergiversèrent nullement. L'animal ne fit aussi nulle attention à leur approche, que lorsqu'ils furent à la distance de soixante ou soixante-dix pas. Alors l'un d'eux descendit de cheval, comme c'est l'usage des chasseurs du Cap, ayant soin de s'assurer de la bride : ensuite fléchissant un genou, et fixant à terre, de la main gauche, l'appui adapté pour poser le mousquet, il visa et fit feu sur l'éléphant, qui s'étoit éloigné d'environ quarante ou cinquante pas de plus.

Lorsqu'ils chassent au gros gibier dans ce pays, ils aiment mieux attendre pour tirer, que la bête soit à cent cinquante pas, parce qu'ils chargent leurs mousquets de manière que la balle a, suivant eux, plus d'effet à cette distance, et parce qu'ils ont plus de tems pour remonter à cheval et s'enfuir, si l'animal blessé revient sur eux.

Notre chasseur eut à peine le tems de se remettre en selle et de retourner son cheval, qu'il s'apperçut que l'éléphant étoit à

---

pieds ou six aunes d'Allemagne, comme d'une très-grande hauteur, et cite un éléphant haut de douze pieds et un pouce, comme une grande curiosité. *V. Wolf's voyage to Ceylan*, récemment publié.

ses trousses. A l'instant même l'animal fit un cri aigu et plaintif, dont le chasseur se sentit comme percé jusqu'à la moëlle des os, et qui fit faire à son cheval plusieurs bonds précipités, après lesquels il se mit à galoper avec une vitesse incroyable ; le chasseur eut la présence d'esprit de le diriger et le conduire sur une hauteur ; sachant bien que les éléphans et autres grands animaux, s'ils descendent fort vîte, montent fort lentement, à raison de leur lourde masse. Tandis qu'il galopoit, son compagnon eut ainsi le tems d'avancer avec toute sécurité vers l'animal, qui lui présentoit le flanc, et de viser au cœur et aux grosses artères des poumons. Il mit donc pied à terre comme le premier ; mais il ne toucha l'animal dans aucune partie dangereuse, parce que son cheval étant indocile, et tirant avec force sur la bride qu'il tenoit passée à son bras droit, dérangea son coup. Alors l'éléphant se retourna vers ce dernier ; mais obligé de gravir une colline encore plus roide, il fut bientôt fatigué de le poursuivre. Après ce mauvais succès, les deux chasseurs trouvèrent plus à propos de se tenir réciproquement leurs chevaux, tandis que l'un d'eux tiroit. A la troisième

1775.
Novemb.

balle l'éléphant menaçoit encore vengeance : la quatrième ralentit totalement son feu ; mais il ne tomba qu'après avoir reçu la huitième. Cependant plusieurs chasseurs expérimentés d'éléphans m'ont assuré qu'une seule balle étoit suffisante pour coucher un de ces animaux par terre ; mais pour cela il faut,

1°. Que le calibre du mousquet soit assez large pour admettre une balle pesant trois onces, ou au moins plus de deux.

2°. Que l'arme soit forte et bien montée, afin quelle puisse porter une bonne charge (*).

3°. Que la balle soit composée d'environ un tiers d'étain, sur deux tiers de plomb : une balle de plomb seul est sujette à s'applatir contre la peau épaisse et fort dure

---

(*) Les fermiers qui chassent à l'éléphant, à l'hippopotame, au rhinocéros, et même au buffle, aiment de préférence, et paient un bon prix, les mousquets Suédois et Danois de vieille fabrique, dont on ne se sert plus à présent, à cause de leur poids et de leur grosseur. Mais ordinairement ils y mettent une autre monture plus solide, afin qu'ils puissent porter une charge encore plus forte, sans refouler. C'est à raison du poids de ces mousquets, que le chasseur tire rarement sans poser l'arme sur son appui : plus rarement encore il se hasarde à tirer assis en selle, par la difficulté d'ajuster au milieu du tremblement qui agite le cheval et le cavalier, après un rapide galop.

des grands animaux, et ne produit alors aucun effet, ce que j'ai vu moi-même arriver sur le rhinocéros : d'un autre côté, si l'on mêle trop d'étain avec le plomb, la balle sera cassante et trop légère, et elle se fendra dans la graisse, ce que j'ai aussi éprouvé, lorsqu'elle rencontrera les parties osseuses d'un de ces gros animaux (*).

4°. Il est nécessaire sur-tout, de frapper l'éléphant au cœur ou dans quelques parties voisines, où il est rare que la balle ne rencontre pas quelque gros vaisseau : alors l'animal perd bientôt la vie avec son sang. Il est donc absolument indispensable d'avoir un gros mousquet ; car la blessure faite par une petite balle, pourroit aisé-

---

(*) Plusieurs personnes m'ont assuré qu'avec des mousquets de cette espèce fortement chargés, on perceroit un soc de charrue d'une épaisseur ordinaire. Je n'ai jamais vu faire cette expérience ; mais la chose ne me paroît pas incroyable. Lorsque j'ai paru douter du fait, plusieurs personnes m'ont offert d'en faire la gageure. D'ailleurs, il est arrivé quelquefois qu'une balle de pistolet ordinaire a percé une cuirasse. J'ai souvent ouï dire à des chasseurs, comme un fait bien connu parmi leurs confrères, que lorsqu'ils avoient eu occasion de tirer, avec ces grosses armes, au milieu d'une harde de zèbres et de quagga, serrés les uns près des autres, la même balle, lorsqu'elle ne donnoit pas sur quelque partie osseuse, avoit traversé de suite quatre ou cinq de ces animaux.

C iij

ment être refermée par la graisse ou par le sang figé, sans compter l'élasticité de la peau et des fibres musculaires, qui, dans l'éléphant, le rhinoceros et autres, est proportionnellement plus grande que dans le petit gibier, et au moyen de laquelle la blessure se resserre et ne laisse rien sortir.

Un fameux chasseur d'éléphans me dit à la vérité, que le meilleur moyen pour frapper l'animal au cœur, étoit d'ajuster le coup précisément à l'endroit du flanc où touche la pointe de ses oreilles; mais si l'on en juge d'après la belle figure de cet animal qu'a donnée M. de Buffon dans son ouvrage, les oreilles semblent trop courtes pour que les indications du chasseur puissent se trouver juste; à moins que les éléphans d'Afrique n'aient les oreilles un peu plus longues que celui qui a servi de modèle à M. de Buffon, ou que les oreilles des éléphans gros et vieux ne soient proportionnellement beaucoup plus alongées que dans le jeune éléphant dont il a donné la figure.

C'est sans doute l'expérience qui a appris aux chasseurs du Cap à ne jamais viser à la tête de l'éléphant, attendu que le cerveau tient trop peu de place pour être aisément frappé, et de plus, qu'il est fortement défendu par un crâne épais et dur. Cette observation se rapporte avec ce qu'on connoît déja relativement à cet animal ; mais d'après ce qu'on vient de lire, il est évident que deux ou trois cents hommes n'auroient pas grand'peine à faire tomber un éléphant (*). Il faudroit, en vérité, que les armes à feu fussent bien misérables et les chasseurs bien mal adroits; on peut encore moins supposer qu'il faut une armée entière pour attaquer une troupe d'éléphans. En Afrique, souvent un seul chasseur ose le faire, lorsqu'il est pourvu d'un bon cheval, accoutumé à chasser, et qu'il trouve les éléphans en plaine : il n'est guère plus dangereux pour lui d'attaquer toute la troupe, que d'en attaquer un seul; car dans le premier cas, les plus jeunes éléphans ont coutume de fuir les premiers ; alors un ou deux des vieux, qui ont les plus fortes dents (et ce sont ceux là-même avec lesquels le chasseur desire sur-tout d'avoir affaire), courront après lui ; mais comme

―――――――
(*) Ce fait est rapporté par M. de Buffon, pag. 11, d'après le voyage de Bosman en *Guinée*, p. 254.

1775.
Novemb.

ils sont bientôt fatigués, et qu'ils retournent sur leurs pas, le chasseur revient à son tour sur eux, et trouve toujours l'occasion de tirer sur l'un ou sur l'autre.

Lorsqu'un éléphant n'a été frappé qu'à la hanche, on dit communément qu'il a reçu les arrhes du chasseur: cette blessure le rend boiteux, et il doit conséquemment s'attendre à en recevoir bientôt une plus dangereuse. Plus les dents des éléphans sont larges, plus ils sont vieux, et plus aussi, dit-on, ils sont pesans et lents à la course, et trouvent de difficulté à s'échapper. Quand le soleil a été brûlant, on les trouve ordinairement affoiblis et fatigués: quelques personnes ont alors osé les attaquer à pied; certains Hottentots sur-tout, accoutumés à tirer, que les fermiers emmènent souvent avec eux, sont d'une hardiesse étonnante. Plus légers que nous à la course, ils croient aussi, non sans raison, que leur couleur donne moins de soupçon à l'éléphant et aux autres bêtes: il est possible que l'odeur rance, un peu semblable à celle de venaison, qu'exhale autour d'eux leur manteau de peau, leur graisse et leur poudre de *bucku*, trompe l'odorat de l'animal, et lui fasse perdre plus aisément leur trace.

Quand l'éléphant se sent griévement blessé, il ne cherche pas, m'a-t-on dit, à se défendre de ses ennemis, quelquefois même il ne cherche pas à les fuir ; mais sans se mouvoir, il se rafraîchit et s'arrose avec l'eau qu'il tient ordinairement en réserve dans sa trompe. Toutes les fois qu'il rencontre une pièce d'eau, et qu'il se trouve échauffé, il en pompe une certaine quantité, dont il s'arrose lui-même. C'est un fait connu depuis long-tems des naturalistes, que les éléphans aiment le voisinage des rivières : on sait aussi avec quel soin et quelle régularité ceux qui sont apprivoisés en Asie sont conduits, à des heures réglées, à l'eau pour s'y laver. Il ne me paroît donc pas invraisemblable qu'on trouve quelquefois dans les plaines brûlantes d'Afrique, et l'on m'a dit qu'on en trouvoit en effet, des éléphans tombés en défaillance, et mourant de soif. Une personne m'a assuré que dans un endroit marécageux, ou plutôt rempli de *sourcins* (*fontein-grund*), elle avoit observé des traces distinctes d'éléphans, qui s'y étoient couchés. Tout les récits que j'ai pu rassembler, s'accordent à dire que ces animaux, lorsqu'on les chasse, évitent avec soin les rivières fangeuses, dont probablement ils ont peine à se dépêtrer; mais qu'ils cherchent toujours les plus profondes, sur lesquelles ils nagent avec beaucoup de facilité.

Quoique l'éléphant, par la forme de son pied, par la structure et la position de ses membres, ne paroisse pas fait pour nager, quoique son corps et sa tête, lorsqu'il a perdu pied, soient entiérement sous l'eau, il est cependant moins en danger de se noyer, que tous les autres animaux de terre : il élève sa longue trompe au dessus de la surface de l'eau; elle lui sert à respirer et à diriger sa course. Elle est aussi pour lui l'organe de l'odorat, que l'éléphant a très-subtil. On a observé que lorsque plusieurs éléphans passoient en même tems une rivière à la nage, ils savoient tous très-bien trouver le chemin, et en même tems éviter de se heurter l'un l'autre, quoique leur tête et leurs yeux soient entiérement submergés.

Les Colons ne chassent les éléphans, que pour en avoir les dents; ils ont cependant imaginé d'en faire sécher la chair, pour nourrir leurs serviteurs, c'est-à-dire, leurs esclaves. Les dents des plus gros, pèsent de cent à cent cinquante livres hollandoises. D'après le taux auquel le gouvernement les paie, un homme peut quelquefois gagner d'un seul coup de fusil, trois cents *gilders*. Il n'est donc pas étonnant que les chasseurs d'éléphans s'exposent souvent avec tant de hardiesse. Un paysan, mort aujourd'hui, avoit chassé un gros éléphant près de l'embouchure de *Zondags-rivier*, qui en cet endroit est très-large et très-profonde ; il eut l'audace de le poursuivre à cheval, et de traverser la rivière, quoiqu'il portât son pesant mousquet sur son épaule, et qu'il ne sût nullement nager : mais il ne retira, dit-on, aucun avantage de cet acte de témérité ; l'éléphant se glissa dans une touffe de halliers serrés et épineux, où le chasseur ne put ou n'osa le suivre.

1775.
Novemb.

Ce n'est qu'en plaine qu'ils peuvent réussir à attaquer les éléphans : dans les bois, où l'attaque ne peut se faire qu'à pied, la chasse est toujours plus dangereuse. Le chasseur doit avoir grand soin de se poster au vent de l'éléphant : car si une fois l'animal l'a éventé, il fond directement sur lui, sur-tout lorsqu'il a été déja chassé, et qu'il a eu occasion de connoître par expérience combien ces tireurs de profession sont dangereux et hardis. Plus d'une fois ces intrépides chasseurs, faute de cette précaution, se sont trouvés dans le plus grand danger.

Dirk-marcus, le fermier de *Hagel-craal* dont je viens de parler, me raconta l'aventure suivante, comme étant arrivée à lui-même :

» Un jour, dit-il, qu'étant encore jeune,
» je m'efforçois, du haut d'une colline cou-
» verte de buissons, près d'un bois, de passer
» à l'opposite d'un éléphant que j'avois sous
» le vent, j'entendis tout-à-coup un cri ef-
» frayant, qui partoit du côté où j'avois vu
» l'animal. Quoique je fusse alors un des
» plus hardis chasseurs de la contrée,
» j'avoue que j'éprouvai en ce moment
» une transe si terrible, que je crus sentir
» mes cheveux se dresser sur ma tête. Il
» me sembla qu'on me versoit plusieurs
» seaux d'eau froide sur le corps, sans qu'il
» me fût possible d'avancer d'un pas. Mais
» bientôt j'apperçus l'énorme animal si près
» de moi, qu'il étoit sur le point de m'at-
» teindre avec sa trompe. Fort heureuse-
» ment, la faculté de fuir me revint en ce
» moment, et à mon grand étonnement,
» je me trouvai si agile, qu'on eût dit que

« mes pieds ne touchoient pas la terre.
» Cependant l'animal me serroit de près ;
» mais à la fin je gagnai le bois, et me
» glissai entre les arbres, où l'éléphant ne
» put me suivre. Je suis certain que dans
» l'endroit où j'étois d'abord, l'animal n'avoit
» pu me voir. C'étoit donc à l'odeur qu'il
» étoit venu droit à moi. On dira peut-être,
» qu'en revanche de la frayeur qu'il m'avoit
» causée, j'aurois au moins dû lâcher mon
» coup de feu à cet insolent visiteur ; mais
» dans le fait, il m'apparut si inopinément,
» que dans mon premier effroi je n'y son-
» geai pas ; après, ma vie dépendoit de
» chaque pas que je faisois ; et lorsque je
» me vis en sureté, j'étois trop essoufflé et
» trop charmé d'en être quitte à si bon
» marché, pour renouveler aucune tenta-
» tive dangereuse. D'ailleurs, de la ma-
» nière dont l'animal se présentoit, je doute
» fort qu'une balle eût pu, à travers la
» plèvre, pénétrer jusqu'au cœur. La mé-
» thode la plus sûre, est de la diriger en-
» tre les côtes, obliquement, à travers les
» poumons ou le coffre. «

Un autre de ces combattans forestiers nommés *Claas volk*, au rapport de tous les Colons, ne fut pas aussi heureux. Un

1775.
Novemb.

jour, étant dans une plaine, caché par quelques arbres touffus et épineux (*le Mimosa nilotica*), il crut pouvoir surprendre un éléphant qui n'étoit pas loin de lui; mais l'animal le découvrit, le poursuivit, l'atteignit avec sa trompe, et le froissa jusqu'à mort. C'est cependant le seul chasseur qui, de mémoire d'homme, ait été malheureux dans l'exercice de sa profession, excepté cependant un autre paysan nommé *Ruloph Champher*. Comme il étoit endormi, un éléphant passant par dessus lui, sans le voir, lui fit, d'un de ses ongles, un trou profond dans le côté. J'ai vu moi-même la cicatrice que cette blessure avoit laissée. Quatre côtes avoient été profondément foulées, et étoient encore fracturées, et le paysan s'en plaignoit beaucoup lorsque le tems devoit changer. Il y avoit déja plusieurs années que ce malheur lui étoit arrivé, près de *Zwart-Kops-rivier*, où, avec deux de ses compagnons, il s'étoit couché et endormi en plein air, près d'un feu presque éteint. Les autres, fort heureusement pour eux, s'éveillèrent un moment avant l'arrivée de l'éléphant, et s'esquivèrent à travers les buissons; mais leurs trois chevaux de selle, qu'ils avoient attachés à un arbre, furent déchirés en plusieurs endroits de leur corps.

1775.
Novemb.

D'après ce qu'on vient de lire, il est évident que la chasse à l'éléphant, décrite d'une manière si circonstanciée par M. de la Caille (*), et que les Colons entreprennent, à ce qu'il prétend, avec des lances, n'est qu'une fable dont quelqu'un a trompé sa crédulité. Tandis que j'étois au Cap, j'ai vu des gens qui, un peu plus au fait du pays, étoient assez pervers pour en faire des plaisanteries. Il n'y a pas plus de vraisemblance dans la relation donnée par cet auteur, d'un malheur arrivé à un chasseur en Afrique. Voici l'histoire : » Trois frères,
» nés en Europe, qui avoient déjà amassé
» une fortune assez honnête, à chasser des
» éléphans, étant un jour à cheval, armés
» tous trois d'une lance, attaquèrent tour
» à tour un éléphant. Un des chevaux
» vint à faire un faux pas; l'éléphant irrité
» l'atteignit et jeta en l'air cheval et ca-
» valier à la distance de cent pas; ensuite
« saisissant l'homme une seconde fois, il
» lui passa à travers le corps, une de ses

(*) V. Journal historique du voyage fait au Cap de Bonne-Espérance, par M. de la Caille, pag. 158--162.

« larges défenses, sur laquelle l'animal le
» portoit, pour ainsi dire, en triomphe,
» empalé, et poussant des cris horribles
» vers les deux autres cavaliers, ses mal-
» heureux frères. «

On a peine à concevoir qu'un éléphant ait jeté un cheval à cent pas de lui, et plus encore comment un homme a pu se lamenter et crier, étant percé d'outre en outre, et embroché sur la large dent d'un éléphant. Mais on doit aussi à M. de la Caille la justice d'observer que cet habile astronome n'avoit point intention d'imprimer aucune relation historique sur le Cap; les courtes remarques qu'il a faites sur cette contrée n'ont été publiées qu'après sa mort.

C'est depuis long-tems un point fort contesté, que la manière dont s'accouplent les éléphans : quoiqu'on en voie un grand nombre dans l'Inde, et que plusieurs soient sujets à entrer si violemment en rut, qu'ils en deviennent fous, personne n'a encore pu venir à bout de les accoupler. Divers auteurs ont cru donner la raison de cette singularité, en disant que les éléphans (quoique enfermés le mâle et la femelle dans une étable obscure) sont trop modestes pour souffrir aucun témoin de leur union;

union ; témoin dont ils ont toujours raison de craindre l'indiscrète curiosité. D'autres ont dit que, par pudeur, ils ne souffrent pas même dans ce moment la présence d'autres éléphans. Plusieurs auteurs ont encore entrepris d'expliquer la continence de ces animaux dans l'état de domesticité, par leur magnanimité et leur orgueil, en leur supposant trop de sens et de grandeur d'ame, pour vouloir multiplier et avilir leur race, en engendrant des esclaves pour le service de l'homme. Mais on sait que les éléphans se laissent eux-mêmes réduire à l'obéissance, et même qu'il n'est guère d'animaux qu'on puisse asservir plus complétement. Il n'est dont guère possible de donner l'approbation de la raison à ce dernier système.

Suivant toute probabilité, cette répugnance de l'éléphant pour un acte auquel la nature encourage tous les êtres, provient de sa structure même, et des difficultés qu'il éprouve dans l'accomplissement de cet acte mystérieux, difficultés que la nature peut-être a jugé à propos d'opposer à la propagation trop nombreuse de ce gigantesque animal, qui, trop répandu dans les climat chauds, en auroit bientôt dévoré la subsistance, et eût été forcé de détruire lui-même sa propre espèce. Ne pourroit-on pas dire encore que la continence de l'éléphant, soit qu'il l'ait reçue en naissant, soit qu'elle provienne uniquement de sa forme, ou de quelque autre circonstance accidentelle, est un moyen employé par la nature, auquel il doit la plénitude de sa croissance et de sa force si supérieure à celle des autres animaux? Les éléphans vont toujours par troupeaux, à l'exception de quelques mâles, qui, trop vieux ou trop jeunes, sont mis en fuite par des rivaux plus puissans. Ainsi, tandis que quelques-uns des plus jeunes sont empêchés de s'accoupler, et conséquemment de s'énerver, il est probable, comme je l'ai dit, que la structure particulière de leur corps est, à tout prendre, le plus grand obstacle qu'ils aient à surmonter.

Les parties de la génération dans les deux sexes sont placées vers le milieu du corps, précisément sous le ventre, et celles des mâles sont fort courtes à proportion du corps. D'après cette conformation, plusieurs Auteurs ont conclu, peut-être avec trop de confiance, que les femelles ne peuvent recevoir les embrassemens du mâle qu'étant couchées sur le dos. Quoique personne ne puisse dire qu'il ait été témoin du fait, un célèbre naturaliste (*) le regarde comme un point indubitable, quand même les voyageurs de *Feynes*, *Tavernier* et *Bussy*, ne seroient pas, comme ils le sont, d'accord avec lui sur ce point. Il rejette l'opinion d'Aristote, qui a décrit la copulation des éléphans comme ne différant en rien de celle des autres quadrupèdes, excepté seulement que, dans cette occasion, la femelle s'abaisse des reins.

Pour décider cette singulière question avec plus de certitude, je n'ai négligé aucune occasion d'interroger sur ce sujet les chasseurs d'éléphans que j'ai vus; tous m'ont répondu de concert qu'ils étoient plus portés à adopter l'opinion commune, avant que deux de leurs compagnons, *Jacob Kob* et *Marc Potgieter*, ne leur eussent donné des informations différentes. Je ne me suis trouvé qu'avec le premier de ces chasseurs, et voici ce qu'il me dit à ce sujet:

Il avoit été lui-même dans l'opinion que les femelles étoient obligées de se coucher sur le dos lors de l'accouplement; mais

---

(*) M. de Buffon, tom. II, pag. 63.

un fait dont il avoit été témoin l'avoit, disoit-il, détrompé. Un jour que *Jacob Kob* étoit allé avec *Potgieter* à la chasse aux éléphans, ils virent dans une plaine environ huit éléphans, qu'ils reconnurent à la petitesse de leurs défenses, pour être des femelles, excepté deux plus grands, qui, tournant en cercle autour d'une des femelles, la seule peut-être qui fût en rut, la frappoient de leur trompe comme pour la caresser. A la fin elle s'agenouilla du devant, et tenant l'épine de son dos dans une position roide et tendue, porta ses pieds de derrière tout auprès de ceux de devant, en les rapprochant tous un peu. Ils la virent attendre pendant long-tems, dans cette attitude forcée, les caresses des mâles, qui, en effet, cherchoient à accomplir les rites matrimoniaux, mais qui s'en empêchoient mutuellement par jalousie, dès que l'un d'eux commençoit à vouloir monter. Après deux heures ainsi écoulées, la patience de nos chasseurs commença à se lasser. Le terrain étoit, en cet endroit, rocailleux et inégal; ils n'osèrent les chasser, et s'en allèrent.

Quoique je n'aie nullement lieu de douter de la véracité de mon auteur, et que ce qu'il me dit ne me semble nullement impossible, je ne dissimulerai pas qu'il me paroît encore difficile de regarder la question comme résolue d'après ce récit; mais elle ne l'est pas davantage par l'opinion la plus universelle, qui est aussi celle de M. de Buffon. 1°. Elle n'a été confirmée par le témoignage d'aucun témoin oculaire, ni même par l'exemple d'aucun quadrupède proprement dit, c'est-à-dire, d'aucun animal qui ait quelque degré d'affinité avec l'éléphant; 2°. Il n'est pas aisé de concevoir que la position de la femelle sur le dos soit commode pour le mâle : car le vagin, m'a-t-on dit, va de devant en arrière ; 3°. Il est bien connu que les vieux éléphans, ceux qui sont les plus massifs, dorment presque toujours de bout, pour éviter la peine et l'embarras de se coucher et de se relever après.

Tavernier nous dit, il est vrai, dans son troisième volume, que les femelles apprivoisées se font elles mêmes, lorsqu'elles sont en rut, une espèce de lit, et s'y couchent, et invitent le mâle par un cri particulier. Mais comme l'Auteur ne l'a point vu lui-même, et que d'ailleurs, ce fait est entièrement contraire à cette modestie, à ce dégoût pour la copulation qu'on a toujours remarqué dans l'éléphante, le parti le plus sage est, ce me semble, d'abandonner la relation de Tavernier, et les différentes opinions sur ce sujet, à l'épreuve de l'expérience future. (*).

Quant à la durée de la gestation des éléphantes, toutes les informations que j'ai prises ont été sans fruit; mais un fait confirmé par plusieurs observations, c'est que les petits tettent avec leurs trompes. On a vu des mères suivies de deux ou trois petits en même tems, tous de grandeurs différentes, c'est-à-dire, depuis trois jusqu'à huit ou neuf pieds de haut. Les chasseurs ont remarqué, avec étonnement, que le plus grand, celui qui avoit presque atteint sa

___

(*) On peut comparer avec la relation précédente celle qu'a donnée *Wolf*, sur le même sujet, dans un livre récemment publié, intitulé « Vie et aventures de Jean-Christophe *Wolf*, avec son voyage à Ceylan. » Cet Auteur prétend connoître aussi parfaitement les mœurs des éléphans que les Jockeys en Angleterre connoissent celles des chevaux. Il assure positivement que les femelles se couchent sur le dos pour la copulation, et donne une description circonstanciée de tout le procédé. Dans l'addition à l'histoire des éléphans, que M. de Buffon a donnée dans son supplément, tom. III (éd. *in*-4°.), et tom. VI, pag. 165 (éd. *in*-12.), un M. B*les* décrit la copulation des éléphans d'une manière semblable en tout au récit du fermier *Kob*, que je viens de rapporter.

pleine croissance, étoit encore allaité par la mère ; et que, s'il arrivoit, comme cela arrive souvent, qu'une mère fût tuée, et qu'un de ses petits se trouvât séparé des autres éléphans, il cherchoit alors à s'associer aux chasseurs et aux chevaux, et les suivoit par-tout, comme il auroit suivi sa mère. Quant à cette particularité, plusieurs fermiers m'ont assuré que si le gouvernement leur donnoit quelques encouragemens, ils pourroient se procurer chez les Hottentots, par voie d'échange, quelques vaches à lait, ou même en amener quelques-unes des leurs, pour élever les petits des éléphans, et que même peut-être, à défaut de vaches à lait, qu'il est dans le fait assez difficile de se procurer, ils pourroient élever les jeunes éléphans avec du gruau; des poireaux, ou avec quelques décoctions et autres préparations de ces herbes, dont on a remarqué que ces animaux aiment à se nourrir de préférence.

D'après les relations des auteurs, et ce que j'ai pu apprendre des Hottentots et des Colons, les éléphans n'ont point de *scrotum*. Il est cependant probable que les jeunes nourrissons pourroient subir une opération au moyen de laquelle ils seroient plus complétement et plus surement apprivoisés que ne sont ceux dont on fait usage dans l'Inde. Cette opération, jointe à l'habitude, les rendroit infailliblement moins délicats sur leur nourriture, plus durs à la fatigue, moins mutins, moins indociles, et moins sujets à ces accès de fureur dont ils sont quelquefois saisis dans la saison du rut. Il seroit peut-être moins difficile de les fournir de nourriture au Cap, que dans l'Inde : je doute cependant que des particuliers de cette colonie trouvassent leur compte à en élever; mais au moins il seroit certainement utile et convenable au gouvernement, de chercher à en apprivoiser quelques-uns, et de les employer pour son service. Dans l'Inde, un éléphant a pour sa pitance journalière cent livres de riz, tant crud que bouilli, et mêlé avec du beurre et du sucre : on lui donne, outre cela, de l'arack et du pisang (*). Mais comme cet animal n'a dans son état sauvage, ni beurre, ni arack, on peut croire que ces ingrédiens sont aussi peu nécessaires à sa subsistance, que la vaisselle d'or dans laquelle ils mangent à Pégu, et les gentils-hommes qui les servent.

(*) V. M. de Buffon, page 43.

M. de Buffon, pag. 143, fait monter à 150 livres d'herbe et de racines, la consommation faite par un éléphant sauvage; et nous trouvons dans les *mémoires pour servir à l'hist. des animaux*, que dans le siècle dernier, un éléphant, à la ménagerie de Versailles, étoit, dit-on, suffisamment nourri avec quatre-vingts livres de pain, deux baquets de soupe, et douze bouteilles de vin par jour. Cet éléphant mourut âgé de dix-sept ans; mais il auroit peut-être vécu plus long-tems, si sa nourriture eût été un peu moins abondante; car on compte que la vie d'un éléphant est ordinairement de 150, 200, et même 300 ans, ou plus. Peut-être qu'un jeune éléphant, élevé au Cap, se contenteroit de lavûres de distillateurs, de grain, de choux, et d'autres végétaux mêlés avec de l'orge parbouilli, de la drêche ou du froment. Le vin ne leur est pas fort sain; on pourroit se dispenser de leur en donner. Mais, comme il est possible que le mélange de cette liqueur excite l'animal à s'évertuer avec plus de courage, il est peut-être à propos de lui en donner de tems en tems quelques bouteilles. Le vin est à si bon marché dans cette colonie, que cette dépense seroit bien peu considérable. On ne

1775.
Novemb.

peut nier cependant que, même au Cap, l'approvisionnement d'un si gros animal entraîneroit beaucoup de difficultés; mais d'un autre côté, il ne faut pas perdre de vue les avantages réels qu'on pourroit en retirer. Outre que l'éléphant est extrêmement docile, intelligent, obéissant, sa force est inestimable; il lève, dit-on, sans effort deux cents livres avec sa trompe, et les porte de terre sur ses épaules. Il peut porter sur son dos, en se jouant, trois mille deux cents livres pesant de marchandises. Il peut déraciner des arbres avec ses défenses, en arracher les branches avec sa trompe (*). Il peut, avec ce singulier instrument, dénouer très-promptement des nœuds, ouvrir une serrure, et ramasser à terre la plus petite pièce de monnoie.

« Mais pour donner une idée, dit M. de
« Buffon, des services que cet animal peut
« rendre, il suffira de dire que tous les
« tonneaux, sacs, paquets, qui se transpor-
« tent d'un lieu à un autre, dans les Indes,
« sont voiturés par des éléphans; qu'ils
« peuvent porter des fardeaux sur leur
« corps, sur leur cou, sur leurs défenses,
« et même avec leur gueule, en leur pré-

(*) V. M. de Buffon, page 41, 42.

« sentant le bout d'une corde, qu'ils ser-
« rent avec les dents ; que, joignant l'in-
« telligence à la force, ils ne cassent,
« ni n'endommagent rien de ce qu'on leur
« confie; qu'ils font tourner et passer ces
« paquets du bord des eaux dans un ba-
« teau, sans les mouiller, les posant dou-
« cement, et les arrangeant où l'on veut
« les placer; que, quand ils les ont dépo-
« sés dans l'endroit qu'on leur montre, ils
« essaient avec leur trompe s'ils sont bien
« situés; et que, quand c'est un tonneau
« qui roule, ils vont d'eux-mêmes chercher
« des pierres pour le caler et l'établir so-
« lidement. »

Il n'est donc pas étonnant qu'un animal d'une si grande utilité se vende dans l'Inde neuf, dix, et quelquefois jusqu'à trente-six mille livres (*). Ils seroient particulièrement utiles pour porter du bois de construction de *Houtniquas* et de *Groot vaders-bosch* au Cap, et transporter des marchandises entre le Cap et *Bay falso*. Un éléphant peut faire fort aisément quinze ou vingt lieues par jour (**), et le double si on le pousse. En allant son pas, il fait au-

---

(*) V. M. de Buffon, page 42, et 43.
(**) V. *id.* pag. 42.

tant de chemin qu'un cheval au trot; et lorsqu'il court, il va aussi vîte qu'un cheval en galopant. Lorsqu'ils sont inquiétés dans quelque place par les chasseurs du Cap, et qu'ils ne trouvent point de bois où se sauver, ils ne s'arrêtent qu'après avoir mis entre eux et cet endroit plusieurs journées de distance.

Les éléphans sont aujourd'hui plus circonspects qu'ils n'étoient jadis. Ils sont réfugiés dans *Sitsikamma*, dans d'autres forêts où il est difficile de les atteindre, dans la contrée située au nord de *Visch-rivier* et dans *Caffer-land*, ou pays des Caffres. Les chasseurs les poursuivent aussi avec moins d'ardeur. Ce qui les ralentit sur-tout, c'est d'être obligés de vendre tout leur ivoire à la Compagnie, qui paie, par livre, les petites défenses moitié moins que les grosses. Aussi les paysans passent-ils souvent en fraude, dans leurs barils pleins de beurre, de petites défenses, qu'ils vendent un meilleur prix à des marchands particuliers.

Plusieurs années avant mon arrivée dans ce pays, lorsqu'on trouvoit encore des éléphans près du Cap, neuf ou dix hommes, dont plusieurs vivoient encore lorsque j'y résidois, s'étoient particulièrement distin-

gués par leurs succès dans cette chasse. Ils
étoient dans l'usage d'aller, pendant plusieurs mois, courir des dangers, souffrir
la faim, la soif et l'horrible chaleur; ensuite ils revenoient au Cap, dépenser avec
la même célérité, ou peut-être en moins
de tems encore, l'argent qu'ils avoient
gagné, et qui pouvoit se monter de cent
à trois cents rixdalles pour chaque chasseur. Beaucoup d'éléphans furent détruits
par ces chasseurs; mais on convient généralement qu'il en est resté un bien plus
grand nombre encore. On les voit quelquefois par troupes de plusieurs cents, et même
de milliers, quoiqu'on en puisse rarement
tirer plus d'un. Il est probable qu'ils s'attroupent encore en hordes plus nombreuses
sur le bord des rivières plus éloignées et
moins fréquentées, dans les autres parties
de l'Afrique, où, non contens d'y trouver
un asile sûr, ils font peut-être, à leur tour,
sentir aux hommes mêmes leur domination;
car les habitans de ces contrées ne connoissent point la poudre à canon, article d'un
usage si varié, invention que tout le monde
maudit unanimement, mais dont on peut aisément, ce me semble, quoique je n'aie jamais trouvé personne qui voulût en con-

venir, appercevoir d'un autre côté l'extrême utilité pour la conservation et la civilisation de notre espèce. La plupart des Nègres, faute de poudre et d'armes à feu, font leur demeure sous terre, uniquement par la crainte des éléphans, qui, en dépit de leurs soins, ravagent souvent et dévastent impunément leurs plantations.

Les Hottentots que je pris à mon service près de *Zondags-rivier*, me dirent que quelques hommes de leur connoissance, étant en partie de chasse, furent suivis par un jeune éléphant jusque dans leur *Craal*, où ils le tuèrent, et se régalèrent de sa chair. L'éléphante, qui sans doute avoit retrouvé la trace de son petit, arriva au *Craal*, à la nuit, à travers l'obscurité, et par vengeance mit tout le *Craal* sans dessus dessous.

Les Nègres et les Hottentots leur tendent des pièges, en creusant des fosses habilement recouvertes dans les endroits où les éléphans ont coutume de passer; mais le nombre de ceux qui s'y prennent est fort peu considérable. On m'a dit aussi que les Hottentots sont quelquefois assez hardis pour tirer sur un éléphant avec des flèches empoisonnées, et qu'ils ont ensuite la patience de suivre l'animal pendant plusieurs jours, attendant que le poison ait pu pénétrer dans cette masse énorme, et la faire tomber.

Les Nègres, suivant quelques informations particulières que j'ai reçues, achètent et vendent au poids de l'or les queues d'éléphant, ou les échangent (*) contre deux ou trois esclaves. Ils ont la hardiesse de couper ces queues sur l'animal vivant, en conséquence de quelque notion superstitieuse dont ils sont entichés. Les Hottentots cependant n'y attachent pas un plus grand prix qu'à celles des buffles, ou d'autres animaux, qu'ils portent à leur ceinture comme des marques de leur adresse et de leurs succès à la chasse (**).

(*) V. M. de Buffon, pag. 63.

(**) J'ai rapporté en Suède une queue d'éléphant. La peau détachée de la queue même, est large de deux pouces. Elle a l'épaisseur à-peu-près d'une peau de bœuf. Sur l'animal vivant, elle n'étoit probablement guère plus grosse que le pouce. Depuis la pointe de cette queue, jusqu'à la hauteur d'environ un pied au dessus, on voit quelques crins roides, lisses, au nombre en tout d'environ cent quatre-vingts, gros comme un moyen fil d'archal, d'une couleur noire, lustrée, et longs de quatorze ou quinze pouces. Ces crins ne sont point creux; ils sont entièrement formés d'une substance de corne. Plusieurs sont forts, peuvent se doubler et se ployer en nœuds, sans casser; et toute la force d'un homme est à peine capable de les rompre : ainsi l'on

1775.
Novemb.

Il est assez rare de voir au Cap des dents d'éléphans fossiles ; cela vient peut-être, de ce qu'on n'a creusé bien profondément nulle part dans les environs, ou de ce que les Hottentots sont depuis long-tems, dans l'usage de saisir et d'emporter toutes les dents qui, après la mort de quelques éléphans, auroient pu se trouver près de la superficie de la terre, ou de ce que les Caffres ont aussi coutume de faire des bracelets de toutes celles qu'ils peuvent se procurer. Des marins qui avoient visité les côtes orientales de l'Afrique, m'ont cependant dit qu'on y trouvoit de l'ivoire à acheter ou à échanger, en trop grande quantité pour qu'on pût supposer qu'elle fût le produit de la chasse des habitans sauvages. Cela s'accorde avec ce que je me rappelle d'avoir lu jadis dans quelques anciens écrivains de voyages. Je tiens d'un fermier, que

---

pourroit les adapter utilement à des lignes à pêcher ; mais quelques autres sont fort cassans. Ils sont la plupart plutôt plats que ronds, fort inégaux, un peu entortillés ; d'autres sont plus gros à la pointe. Peut-être ne trouvera-t-on pas ces crins sur tous les éléphans, mais seulement sur les plus grands et les plus âgés. Plusieurs personnes de ma connoissance, qui ont vu des éléphans à la ménagerie de Petersbourg et à Paris, ne se sont point rappelées d'avoir vu ces poils tels que je viens de les décrire, et que je les leur fis voir.

demeurant

demeurant au canton de *Cango*, dans cette colonie, il avoit trouvé, à trois pieds sous terre, quelques dents d'éléphans, qui n'étoient nullement endommagées et qu'il supposoit y avoir été anciennement enterrées, comme un trésor, par les Hottentots. Il est possible aussi que ces dents se fussent trouvées enterrées par degrés ; que d'abord les vents eussent amoncelé autour d'elles le sable et la poussière, et qu'ensuite le terreau formé par les arbres tombés et les végétaux putréfiés, les eût totalement couvertes. Les habitans du Cap sont fort peu dans l'usage de fouiller dans les entrailles de la terre ; il est cependant probable qu'une grande quantité de dents d'éléphans ont été ensevelies comme je viens de l'expliquer, et qu'on les trouveroit, si on se donnoit la peine de les chercher. Depuis long-tems les savans se sont épuisés en conjectures pour expliquer comment on pouvoit trouver sous la froide latitude de la Sibérie, des dents et des os d'éléphans, et des débris du rhinocéros, qu'on y tire de la terre en plus grande quantité que par-tout ailleurs, sous la dénomination de restes du *Mammout*, animal souterrain purement imaginaire.

Tome II. E

1775.
Novemb.

Jusqu'à ce que cette matière soit mieux éclaircie, tout ce qu'on peut dire n'est que conjecture. M. de Buffon(*), par exemple, après avoir supposé le globe de la terre brûlant, fait commencer son refroidissement par la Sibérie et les lieux voisins du pôle, au tems que les éléphans, etc. furent créés; d'autres le noient une seconde fois dans un déluge, pour avoir occasion de transporter en Sibérie, par le torrent, le rhinocéros et l'éléphant des climats chauds de l'Asie. Quant à moi, je desirerois que ces grands hommes, avec leurs systêmes, voulussent permettre à ces animaux de suivre paisiblement leur chemin et d'aller sur leurs pieds en Sibérie. C'est la façon de voyager la plus facile et la plus naturelle; on ne peut en imaginer une plus conforme avec la pratique constante des autres animaux émigrans. Qui ne connoît, par exemple, les émigrations lointaines que font de tems en tems les Lemings (*Mus Lemmus*), à la fin desquelles ils doivent être gelés et mourir de faim, supposé qu'ils aient le hasard d'échapper à la dent des animaux

---

(*) V. son supplément, et sur ce systême, M. *Marivetz*, *Physique du monde*, tome Ier.

voraces, ou de n'être pas noyés dans les rivières qu'il leur faut traverser ?

Le *Mus migratorius seu accedula* de Pallas, est un autre exemple de ce penchant à changer de climat, naturel à certains animaux. J'aurai dans la suite occasion de parler des émigrations des antilopes, spécialement des *Spring-boks*, qui descendent quelquefois jusqu'au Cap de Bonne-Espérance.

Les pérégrinations plus considérables des sauterelles ne peuvent peut-être pas être citées en exemple, quand il s'agit de quadrupèdes; mais les autres que je viens de rapporter, suffisent pour rendre probable l'assertion que les éléphans sont aussi sujets à émigrer, soit par quelque motif inconnu, comme est celui des Lemings, ou par d'autres raisons, dont quelques-unes s'offrent, pour ainsi dire, d'elles-mêmes à nos conjectures; par exemple, une propagation trop nombreuse de ces animaux, le manque de nourriture, les inconvéniens qui accompagnent toujours une sécheresse extraordinaire ou une chaleur immodérée. Ils peuvent encore être inquiétés par les hommes, ou effrayés par l'éruption des volcans et des tremblemens de terre dans leur sol natal.

La trop grande propagation est, suivant moi, la première de ces causes, vu le nombre incroyable d'éléphans qu'on voit au Cap de Bonne-Espérance, et la longue vie qu'on prête à chaque individu. De plus, si l'on admet l'hypothèse que la partie sud-est de l'Asie, habitée aujourd'hui par une race d'hommes nombreuse et prolifique, les Chinois, ait été également favorable à la population des éléphans, sur-tout dans les premiers siècles, que l'on suppose avoir été les plus fertiles en productions de toute espèce; il s'ensuit naturellement que dans un tems ou dans l'autre, le nombre de ces animaux a dû s'accroître au point que la rareté des vivres et les combats mutuels entre les différentes troupes, doivent en avoir forcé quelques-unes à chercher ailleurs leur subsistance.

La chaleur et la sécheresse des étés ont dû naturellement augmenter cette pénurie de nourriture, accélérer le déplacement des éléphans, les déterminer à prendre leur route vers le nord, insensiblement attirés par la fraîcheur, et les conduire enfin en Sibérie. Je suis porté à croire, avec les naturalistes, que ce pays n'étoit pas anciennement aussi froid qu'il l'est aujourd'hui; mais je ne puis croire qu'il ait jamais été assez chaud, si ce n'est dans l'été, pour que des éléphans aient pu s'y naturaliser. On sait que nos étés en Laponie, quoique fort courts, sont extrêmement chauds.

1775.
Novemb.

Il ne seroit donc pas invraisemblable de dire que des troupes d'éléphans ont été forcées par une ou plusieurs de ces causes, à quitter leurs habitations natales; qu'insensiblement, ou par une fuite soudaine et précipitée, ils se sont trouvés dans des latitudes plus rigoureuses; que là, surpris par un froid d'automne ou d'hiver, ils se sont enfoncés encore plus avant dans le nord, dispersés dans la Sibérie et les contrées voisines; qu'après avoir trouvé la mort dans ce climat, ils ont été enterrés à plus ou moins de profondeur, par des tremblemens de terre, par la déviation des rivières, et qu'enfin ils ont laissé à la postérité des monumens évidens de leurs émigrations.

Une marche d'environ vingt-cinq ou trente degrés, c'est-à-dire, d'environ onze cent quarante milles, entre la Chine et la

1775.
Novemb.

Sibérie, ne peut-être regardée comme un très-long voyage pour des éléphans. J'ai déja observé qu'ils peuvent aisément parcourir l'espace d'un degré ou vingt lieues par jour, et quelquefois le double : quelques auteurs (*) ont même prétendu qu'un éléphant peut faire, en un seul jour, six journées de chemin.

Je m'apperçois qu'entraîné par mon sujet, j'ai traité peut-être avec quelque prolixité l'histoire de ces animaux. Qu'il me soit cependant permis, pour la rendre plus complète, de citer ici quelques passages remarquables de naturalistes et d'écrivains de voyages. Ils mettront en évidence l'intelligence et le caractère de l'animal.

« Dans l'Inde, on employoit un jour des
« éléphans à lancer des navires à l'eau.
« L'un d'eux avoit à traîner un vaisseau
« trop pesant pour sa force. Son maître
« dit au conducteur d'éléphans, d'un ton
« d'aigreur : Qu'on ôte cette bête pares-
« seuse, et mettez une autre à sa place.
« A l'instant le pauvre animal redoublant
« d'efforts, se brisa le crâne, et mourut à
« l'instant » (**).

(*) V. l'Afrique de Marmol, tome I, page 58.

(**) Pennant's *hist. of quadr.* page 155, d'après Ludolph. *Com. in hist. Æthiop.*

« A *Delli*, un éléphant passant dans une
« rue, avança sa trompe dans la boutique
« d'un tailleur, où travailloient plusieurs
« ouvriers; l'un d'eux en piqua le bout avec
« son aiguille; l'animal se retira sans mon-
« trer de colère; il alla aussitôt dans une
« mare remplir sa trompe d'une eau fan-
« geuse, revint à la boutique, et la dégor-
« geant jusqu'à la dernière goutte sur ceux
« qui l'avoient offensé, les en couvrit eux
« et leur ouvrage « (*).

« A *Adsmeer*, un éléphant traversoit
« souvent le bazar ou marché. Une mar-
« chande d'herbes, toutes les fois qu'il pas-
« soit près d'elle, lui donnoit plein sa bou-
« che de verdure. Il fut pris un jour d'un
« de ses accès périodiques de fureur; il
« rompit ses fers, courut à travers le mar-
« ché, mit tout le monde en fuite, et
« entr'autres cette marchande, qui, dans
« sa précipitation, avoit laissé derrière
« elle un de ses petits enfans. L'animal re-
« connut l'endroit où sa bienfaitrice avoit
« coutume de se placer. Il prit doucement
« l'enfant sur sa trompe, et le posa en sû-

(*) Penn. l. c. d'après *Hamilton's history of the East*
Indies.

« reté, sur le devant d'une boutique voi-
« sine » (*).

« A *Dekan*, un autre éléphant, n'aiant
« point reçu l'arack promis par son *cornac*
« ou gouverneur, pour s'en venger, le tua ;
« la femme du cornac, témoin de ce specta-
« cle, prit ses deux enfans et les jeta aux
« pieds de l'animal encore tout furieux,
« en lui disant : puisque tu as tué mon
« mari, ôte-moi aussi la vie, ainsi qu'à mes
« enfans. L'éléphant s'arrêta court, s'adou-
« cit, et comme s'il eût été touché de re-
« gret, prit avec sa trompe le plus grand
« de ces deux enfans, le mit sur son cou,
« l'adopta pour son cornac, et n'en voulut
« point souffrir d'autre « (*).

Si l'éléphant est vindicatif, il n'est pas
moins reconnoissant. « Un Soldat de Pon-
« dichery, qui avoit coutume de porter à
« un de ces animaux une certaine mesure
« d'arack, chaque fois qu'il touchoit son
« prêt, ayant un jour bu plus que de rai-
« son, et se voyant poursuivi par la garde,
« qui le vouloit conduire en prison, se ré-

(*) Penn. d'après *terry's voyage*.
(**) M. de Buffon, tome XI, page 77, d'après M. le Marquis de Montmirail.

« fugia sous l'éléphant et s'y endormit ; ce
« fut envain que la garde tenta de l'arra-
« cher de cet asile : l'éléphant le défendit
« avec sa trompe. Le lendemain le soldat
« revenu de son ivresse, frémit à son ré-
« veil, de se trouver couché sous un ani-
« mal d'une grosseur si énorme. L'éléphant,
« qui sans doute s'apperçut de son effroi,
« le caressa avec sa trompe pour le rassu-
« rer, et lui fit entendre qu'il pouvoit s'en
« aller « (*).

1775.
Novemb.

« Un peintre vouloit dessiner, dans une
« attitude extraordinaire, l'éléphant qu'on
« tenoit à la ménagerie de Versailles, c'est-
« à-dire, la trompe levée et la gueule ou-
« verte. Le valet du peintre, pour le faire
« demeurer en cet état, lui jetoit des fruits
« dans la gueule, et le plus souvent faisoit
« semblant d'en jeter. Il en fut indigné ;
« et comme s'il eût connu que l'envie que
« le peintre avoit de le dessiner, étoit la
« cause de cette importunité, au lieu de
« s'en prendre au valet, il s'adressa au
« maître, et lui jeta par sa trompe, une
« quantité d'eau, dont il gâta le papier

(*) M. de Buffon, tome XI, page 78.

« sur lequel le peintre dessinoit «. (*).

Le 4 novembre, nous arrivâmes à *Leu-wen-bosh*, petit bois situé sur une rivière du même nom. Ce canton est ainsi nommé, de ce qu'anciennement il étoit spécialement habité par des lions. Il n'y demeuroit alors que deux esclaves homme et femme, ils étoient là pour veiller sur une petite quantité de bétail appartenant à un fermier, et pour garantir les champs de blé du ravage des gazelles. La hutte de l'esclave composoit tout le bâtiment, avec un hangard ouvert, sous lequel nous passâmes la nuit.

Le 5, nous entrâmes dans *Sitsikamma*, où nous visitâmes trois fermiers, dont les habitations étoient sur notre route. Nous trouvâmes dans ces cantons, diverses plantes inconnues : aucuns naturalistes n'y avoient pénétré avant nous. Nous y restâmes jusqu'au 12, que nous en partîmes, et dirigeâmes notre route vers *Zee-koe*, ou rivière des *vaches marines*; et finalement, depuis le 15, jusqu'à la fin du mois, nous logeâmes dans une ferme située près du passage le plus au sud de cette rivière.

(*) Mém. pour servir à l'hist. des animaux, par M[rs]. de l'Acad. des Sciences, part. III.

Le pays à l'est de *Leuwen-bosh*, est proprement une rase campagne, la longue chaîne de montagnes que nous avions constamment suivie depuis le Cap, se terminant là, ou tournant vers le nord. Cette étendue de pays paroît être de l'espèce de sol que nous avons nommé *doux*, comme toutes les plaines qui avoisinent la mer. On en peut dire autant de la partie citérieure de *Sitsikamma*, dont le terrain, sur-tout près du rivage, est extrêmement bas et sablonneux.

On y trouve, aussi bien qu'aux *Duyven* ou *Doves* (Colombes), nom qu'on donne au Cap à cet endroit, le *Myrica Cerifera*. Les petits fruits qu'il produit sont, à certain tems de l'année, couverts d'une substance grasse, verdâtre et semblable à la cire, et qui probablement est formée par des insectes. Les habitans en font des chandelles, qui brûlent bien mieux que nos chandelles de suif.

Je vis dans les plaines, des troupeaux nombreux de *l'Antilope Dorcas* ou *Hartbeest* (*).

(*) Voy. pl. VI. Voy. aussi l'art. du gnométie ou petite gazelle, dont j'ai parlé ci-devant.

1775.
Novemb.

L'intérieur de *Sitsikamma* n'est, m'a-t-on dit, qu'une forêt épaisse. On rapporte que deux Hottentots voulurent y pénétrer du côté de *Houtniquas*; mais qu'après d'inutiles efforts pendant dix ou douze jours, ils furent obligés de revenir sur leurs pas, fort heureux d'avoir pu regagner leur logis sans autre malheur. Ils y virent nombre d'éléphans, plusieurs traces et sentiers spacieux, faits par ces animaux; ces traces avoient toutes une direction du nord au sud, et se perdoient dans des bois épais près du rivage, ou dans la chaîne de montagnes qui sépare *Sitsikamma* de *Houtniquas*. On y trouve aussi des buffles en quantité.

Kromme-rivier, à son embouchure, est très-large et très-profonde : les vaisseaux pourroient y mouiller commodément, si les brises de mer et la lame, qui probablement varie chaque jour la forme de cette côte, n'en avoient engorgé l'entrée.

Zee-koe-rivier étoit jadis assez profonde pour contenir un grand nombre de ces larges animaux appelés dans le pays *vaches marines* (*hippopotamus amphibius*, pl. 1, tom. III), d'où elle a tiré son nom. Nous la trouvâmes alors si obstruée près de la mer par les sables, que nous aurions pu la traverser de pied sec.

1775.
Novemb.

Le fermier qui résidoit près de *Kromme-rivier*, étoit parvenu a rendre ces animaux si familiers, que je les vis en plein jour nager, courir ça et là, et souvent sortir de l'eau leurs narines, pour humer l'air.

Sur les hauteurs près de la ferme la plus élevée de *Zee-koe-rivier*, croît l'arbre-pain des Hottentots (*brood-boom*), découvert par le professeur Thunberg, et dont il a donné une description et un dessin sous le nom de *Cycas Caffra* (*).

La moëlle (*medulla*), qu'on trouve en abondance dans le tronc de ce petit palmier, est recueillie par les Hottentots, et renfermée dans une peau de veau ou de mouton apprêtée : ils l'enfouissent en terre et l'y laissent l'espace de plusieurs semaines, jusqu'à ce que cette moëlle devienne assez tendre pour pouvoir se pêtrir avec de l'eau, et former une pâte : alors ils en font de petits pains ou gâteaux, qu'ils mettent cuire sous la cendre ; d'autres Hottentots moins délicats, ou qui n'ont pas la

---

(*) V. *nova acta reg. Soc. Scient. Ups.* vol. II, pag. 283, tab. V.

1775.
Novemb.

patience d'attendre ces longs préparatifs, font sécher et rôtir cette moelle, et en font une sorte de froménteé brune. Ce *Cytas* croît aussi près des Trois Fontaines (*Drie-Fonteins*) dans *Lange kloof*.

Il n'y a que huit fermes dans toute l'étendue de *Sitsikamma*. Entre autres végétaux rares et curieux, on y trouve, nous dit-on, dans les bois une espèce de figuier d'une hauteur extraordinaire, avec des feuilles indivises, et dont le fruit ets aussi bon, s'il n'est meilleur, que celui des figuiers de nos jardins.

On nous dit que deux ans avant mon arrivée dans cette contrée, un vaisseau avoit envoyé son canot à terre à *Slangen-rivier* ; que l'équipage y avoit rempli d'eau plusieur barils ; qu'ensuite s'étant aussitôt rembarqués, ils avoient mis à la voile, sans qu'aucun Colon eût pu leur parler.

Ayant eu occasion d'observer avec soin le long espace de côte entre *Sitsikamma* et *Zondags-rivier*, pour en consigner, comme je l'ai fait dans ma carte, la vraie position, et étant obligé de nommer deux pointes remarquables, qui à cet endroit s'avancent dans la mer, j'ai jugé à propos de leur donner les noms de deux naviga-

AU CAP DE BONNE-ESPÉRANCE. 79

teurs Suédois expérimentés, qui ont eux-mêmes mérité l'approbation du public, par les cartes qu'ils ont données de la côte d'Afrique; je veux dire les Capitaines *Ekeberg* et *Burtz*. Le premier a fait aux navigateurs le présent d'une excellente carte et d'une description des baies de *la Table* et *Falso*. L'autre, dans ses derniers voyages, a ajouté aux observations faites par le premier, et a tracé fort exactement le plan de la côte entre *Mossel-bay* et le Cap, lorsqu'à son retour de Chine sur le *Stockholm slott*, navire de la Compagnie des Indes orientales Suédoise, il fut long-tems retardé par les vents contraires et par la perte de son gouvernail. Le Capitaine *Burtz* a bien voulu me communiquer aussi les aspects du pays, vu de la mer, que j'ai placés au haut de ma carte.

Quant à la petite île que j'ai placée près de la pointe Ekeberg, je ne l'ai point vue moi-même, mais j'ai cru devoir, à tout événement, l'assigner à cet endroit, d'après une ancienne carte Portugaise, qui donne une idée passablement juste de la côte d'Afrique. Le Capitaine *Burtz* étoit dans la persuasion que la baie nommée dans cette carte *Bay-constant*, où l'on voit

1775.
Novemb.

1775.
Novemb.

une île près de la pointe, est la même que j'ai tracée dans la mienne, à l'embouchure de *Kromme-rivier*. Il est possible que sur le rivage d'où j'ai fait mes observations, je n'aie pas été à portée de voir cette île, distincte du continent.

Il est nécessaire de remarquer ici que les cartes et mappemondes jusqu'à présent publiées de la côte orientale d'Afrique, sont fautives, en ce qu'elles la représentent beaucoup moins étendue vers l'est qu'elle n'est réellement. C'est une remarque que j'ai vérifiée dans mon voyage par terre. Je suis très-persuadé que plusieurs navigateurs ont remarqué la même erreur. Le Capitaine Cook, entr'autres, revenant de son premier voyage autour du monde sur l'*Entreprise*, se trouva sur cette côte plutôt qu'il ne l'espéroit. Pendant notre séjour près de *Zee-koe-rivier*, on vit un soir un navire courant à pleines voiles directement sur le rivage, et il ne vira de bord, que lorsqu'il fut tout près de terre. J'ai su depuis au Cap, que c'étoit un vaisseau Hollandois, et que d'après la carte qu'il avoit à bord, il ne s'attendoit pas à trouver si tôt la côte; qu'il ne l'avoit même apperçue qu'un instant avant de virer de bord.

Tandis

Tandis que ce navire cingloit ainsi vers le rivage, nous y étions à cheval mon hôte et moi. Nous montâmes sur une hauteur d'où il pouvoit, lui, distinguer l'équipage; mais il paroît qu'ils ne nous virent point; quelque nuage ou quelque exhalaison de la terre les empêcha probablement de nous appercevoir.

1775.
Novemb.

Je me rappelle d'avoir lu quelque part, dans un papier Anglois, la relation du naufrage du Doddington, vaisseau des Indes orientales Angloises, qui se perdit sur une île ou sur un rocher situé par les 33 d. ½ ou plutôt, par les 32 d. ½ de lat. S. près de la côte orientale d'Afrique. Il est dit dans cette relation, que deux hommes se sauvèrent dans une chaloupe, et abordèrent à force de rames au continent. Dès qu'ils y furent arrivés, c'étoit sur le soir, excédés de fatigue, ils renversèrent la chaloupe et se couchèrent dessous. Malgré cette précaution, ils furent en grand danger d'être dévorés par des bêtes féroces (probablement des hjènes ou *tygres-loups*), qui cherchoient à s'indroduire sous la chaloupe. Le lendemain matin, ils furent rencontrés par des habitans sauvages de ce pays (probablement des *hommes-Boshis*), qui

Tome II. F

leur prirent une paire de pistolets et leurs habits; cependant, après quelque tems de délibération, et voyant que les matelots les supplioient à genoux, ces sauvages leur permirent de reprendre leur canot et leurs rames, et d'aller se réfugier dans l'île qui avoit causé leur désastre. Là, s'étant réunis avec quelques autres hommes de l'équipage, ils s'embarquèrent tous dans une autre barque sauvée du naufrage, et se dirigèrent vers le nord. Ils abordèrent dans un pays rempli de bétail et de dents d'éléphans (probablement la Cafrerie), où ils furent reçus avec bonté, etc.

En comparant ce récit avec un autre que me firent les Colons, il paroît que ce navire fut naufragé précisément devant l'embouchure de *Zondags-rivier*. Ils se rappeloient qu'on avoit vu, il y avoit vingt ou trente ans, une fumée sortir d'une des îles situées en cet endroit. Un fermier nommé *Verreira*, qui chassoit alors aux éléphans dans ce canton, avoit acheté des Hottentots, un pistolet et un habit rouge, qu'ils disoient tenir de quelques hommes venus par dessus la mer. Les Colons me dirent aussi qu'un an après cet évènement un petit navire avoit été envoyé du Cap, à la réquisition de la Compagnie des Indes orientales Angloise, pour faire la recherche de ces îles et des marchandises qui y avoient été laissées, mais que le Capitaine s'en étoit retourné à dessein, à ce qu'ils conjecturoient, sans exécuter sa commission : cependant ce ne seroit peut-être pas une peine perdue, que de construire exprès à *Zondags-rivier* un bateau, pour rechercher la position de ces petites îles ; mais pour qu'on pût y venir par mer, il seroit nécessaire que quelqu'un eût, avant tout, observé la véritable latitude du continent qui leur est directement opposé : ensuite on pourroit aisément reconnoître le lieu, au moyen de feux pour signaux. J'ai vu souvent ces îles, de la pointe *Padron* dans le havre de *Krakekamma*.

1775.
Novemb.

La ferme près de *Zeekoe-rivier*, où nous logeâmes le plus souvent du 15 au 30, appartenoit à un honnête et vieux Colon, Hessois de nation, autant qu'il m'en souvient. C'étoit un homme plein de sens, d'activité et d'esprit : aussi sa ferme étoit tenue dans le meilleur ordre ; il y avoit construit plus de bâtimens que nous n'en avions vu sur aucune ferme depuis notre départ. Le principal corps de logis étoit lui seul composé de six appartemens; il avoit nombre de serviteurs Hottentots et beaucoup de bétail. La chasse aux éléphans avoit été le fondement de sa fortune. Ayant été lui-même dans sans jeunesse grand voyageur, il s'empressa de nous rendre tous les services qui dépendoient de lui. Dès que nous lui eûmes dit que, par pur amour pour la botanique et pour la chasse, nous avions l'intention de courir tous les dangers, d'essuyer toutes les fatigues inévitables dans le cours d'un voyage de cent lieues, de cet endroit jusqu'à *Bruntjes hoogte*, il offrit de nous prêter un guide Hottentot, excellent tireur. Malheureusement pour nous, le tems de la récolte des blés approchoit; elle alloit commencer le 23 de ce mois; et de plus, la plupart de ses Hottentots travailleurs étoient malades d'une fièvre bilieuse.

Je fus donc obligé d'attendre que la moisson fût finie, et de l'avancer, autant qu'il me fut possible, par le secours de mes propres Hottentots; pendant ce tems le fermier m'assigna l'emploi de voir et de guérir ses malades; il me montra la plus grande confiance, sur les récits qu'on lui avoit faits d'une cure opérée par moi chez un fermier voisin : j'avois rendu l'usage des jambes à deux esclaves Malabar femelles, qui, par pure fainéantise, gardoient le lit depuis plusieurs jours sous prétexte de maladie. Trois autres esclaves du même maître et de la même nation avoient aussi été véritablement guéris par moi d'une fièvre bilieuse (*).

(*) L'une de ces trois esclaves fut guérie par une forte décoction de tabac, le seul émétique que j'eusse alors sous la main. Ce ne fut cependant qu'après qu'elle eut avalé plusieurs tasses de cette dégoûtante liqueur, que le remède fit effet. Les deux autres, alitées depuis douze jours, surmontèrent à la fin la maladie, moyennant un changement dans leur régime; mais deux autres, également Malabar, venoient de mourir de la même fièvre avant mon arrivée. On me dit qu'avant d'expirer il leur étoit survenu un violent saignement de nez, et qu'aussitôt après, le fiel avoit dégoutté en abondance par leurs narines. Il est probable que l'imprudente vigilance des gardes à tenir le malade bien étouffé dans des couvertures, et toutes les portes bien fermées, n'avoit pas peu contribué à produire cet effet.

Chez les Chrétiens, la maladie est à son plus haut point le troisième jour; c'est le cinquième ou le septième chez les esclaves et Hottentots.

J'observai que ces derniers se plaignoient beaucoup de douleurs dans la tête et dans le cou, et quelquefois dans les épaules. Cette douleur cesse, et passe dans les jambes et dans les bras, ensorte qu'ils ne peuvent se tenir debout, lorsque la maladie va en décroissant; ce qui arrive ordinairement après l'administration des émétiques. Dans une Chrétienne, la crise s'opéra par de violentes douleurs dans le pied.

Le pouls étoit, il faut l'avouer, passablement élevé. Ceux

Lorsque j'eus réussi à guérir la plupart de ces esclaves, je fis prendre à tout le

qui essayèrent de la saignée, n'en obtinrent aucun soulagement, et n'en furent pas moins inquiétés par un saignement de nez dans le cours de la maladie. Le blanc des yeux demeuroit jaune pendant long-tems, excepté dans ceux qui avoient assez abondamment vomi ; et par ce moyen il se faisoit une métastase des douleurs, du cou aux jambes et aux pieds.

Les Hottentots malades appartenans à mon dernier hôte *Jacob Kok*, qui n'étoient en service que depuis peu, et qui avoient trop brusquement passé de leur vie sauvage à un régime plus abondant, supportoient des doses fort dangereuses, avant qu'il fût possible de les faire vomir. Outre le tabac, je fus obligé, pour y réussir, d'employer le *vinum emeticum, seu aqua benedicta Rulandi*, que je préparai conformément au *dispensary of the London college* pour 1762, c'est-à-dire, deux onces de *croc. antim. lot.* dans une bouteille de vin ordinaire du Cap.

Quoique soixante gouttes fussent suffisantes pour exciter un vomissement assez violent à une Hottentote de quinze ans, élevée depuis son enfance parmi les Chrétiens, et même à plusieurs adultes qui en avoient fait usage au Cap, quatre onces de cette même liqueur ne produisirent pas le moindre effet sur trois filles Hottentotes, à-peu-près du même âge, confiées toutes trois à mes soins. Je fus donc obligé de leur faire avaler des morceaux de tabac en substance, et de leur en faire boire plusieurs grandes tasses en décoction, avant de pouvoir réussir à les faire vomir.

Quant aux deux jeunes esclaves nouvellement pris, plus fluets et moins nourris, je leur donnai, par degrés, diverses cuillerées de l'*aqua benedicta*, jusqu'à ce que chacun d'eux en eût pris environ deux onces ; alors elle commença à opérer. Un jeune homme d'environ 20 ans, tout récemment attaqué,

monde de la maison, comme préservatif, une cuillerée de vinaigre avec de la rue

avala onze grains de *gomme gutte*, et paroissoit n'en pas ressentir le moindre effet. Sur cela, je lui donnai, ainsi qu'à un vieux Hottentot nouvellement pris, âgé de 40 ans et plus, tous les deux fort maigres, la continence de plusieurs tasses à thé d'*aqua benedicta*, qui étoit alors fort épaisse et pleine de sédiment, ayant soin en même tems de secouer, du fond de la bouteille, tout le crocus d'antimoine. Je tremblai d'abord en leur administrant de si larges doses, mais elles ne produisirent presque rien ; tant qu'enfin je fis avaler au malade au moins la longueur d'un pied de tabac en substance, coupé en morceaux, boire plusieurs grandes tasses en infusion, et avaler le tabac dont l'infusion étoit faite. Il me fallut encore vider dans le gosier du plus jeune, la tabatière de M. *Immelman*, pour pouvoir l'exciter à vomir. L'effet n'en fut pas moins fort modéré. Au reste, plus les malades vomissoient, plutôt ils étoient rétablis, c'est-à-dire, en deux ou trois jours.

Une vieille Hottentote, grasse et rebondie, qui vivoit depuis longues années avec les Chrétiens, crut être malade ou feignit de l'être. J'eus de fortes raisons de soupçonner que ce n'étoit qu'une maladie simulée, pour avoir le plaisir d'avaler les morceaux de tabac et la décoction que je distribuois si libéralement en cette occasion.

Il faut observer que je plaçois les malades dans l'obscurité, et que j'administrois les médicamens moi-même. J'avoue que je fus étonné de voir qu'il fallût, pour soulever ces estomacs, d'aussi larges doses d'un poison aussi amer et aussi fort que le tabac. Il est vrai cependant qu'il n'est pas moins étonnant de voir les Colons, particulièrement ceux qui ont été élevés dans l'Inde, manger à belles dents une substance aussi poignante et aussi forte que le *capsicum* cru, comme s'ils mangeoient un morceau de pain ou des confitures.

F iv

fraîche, à jeûn; après quoi personne ne fut plus attaqué de la maladie.

1775.
Novemb.

Le 29, les Hottentots du voisinage demandèrent la permission à leurs maîtres de donner bal en l'honneur de mes Hottentots qui leur avoient rendu le service important de leur aider à mettre le blé dedans, et qui étoient sur le point de partir. Leur requête fut accordée, et le bal s'ouvrit au frais, dès que la lune commença à luire. Environ vingt personnes des deux sexes se réunirent dans cette danse, qui se soutint avec beaucoup d'ardeur jusqu'à minuit passé, et même sans interruption; mais le bal ne finit pas là. Ils entrèrent à couvert, s'assirent tous en cercle, et balançant lentement leur corps en avant et en arrière, ne faisoient autre chose que chanter la plus insipide des chansons. Ils battoient en même tems de leurs doigts une peau de mouton tendue sur une chaudière, accompagnement digne de leur chant.

La vieille Hottentote qui, comme je l'ai dit dans la note précédente, avoit fait la malade pour le plaisir d'avaler le tabac, paroissoit être le principal personnage. Elle dirigeoit la danse aussi bien que la musique et vocale et instrumentale. Le lecteur desireroit peut-être une description plus détaillée de cette danse. Tout ce que j'en puis dire, c'est qu'il est impossible de la décrire au moins dans toutes ses différentes figures. Je ne crois pas qu'elle puisse avoir de règles particulières; chacun saute et cabriole, tantôt seul, tantôt avec un autre; ils se tortillent et prennent toutes les attitudes extraordinaires et grimacières qui leur passent par la tête. La principale intention de cette danse paroît être de mettre le corps en mouvement. Un Hottentot pourroit peut-être en dire autant de nos danses les plus élégantes. Cependant il est possible que la leur ne fût pas tout-à-fait sans art; car mes Hottentots de *Buffeljagts-rivier* disoient qu'ils n'avoient jamais vu danser celle-là, et qu'ils n'étoient pas capables de s'y joindre.

1775.
Novemb.

Notre hôte et notre hôtesse, qui assistèrent aussi quelque tems à la fête, me donnèrent la clé d'une ou deux de leurs contredanses. L'une s'appelloit danse du *babouin*, dans laquelle ils imitoient les babouins ou singes. Elle étoit, comme les autres, distinguée par mille grimaces; mais dans celle-ci les acteurs alloient par fois à quatre pattes. L'autre étoit appelée danse des *abeilles*; les acteurs sembloient faire un petit bourdonnement. Le bal continua ainsi jusqu'à la pointe du jour. Alors la plupart des danseurs furent obligés d'aller reprendre leurs occupations accoutumées.

Je vis aussi en cet endroit un exemple de la polygamie pratiquée chez les Hottentots, usage qu'on dit cependant fort rare parmi eux. Un vieux Hottentot avoit épousé deux femmes, et sembloit en quelque sorte enorgueilli de leur possession, comme faisant honneur à sa qualité d'homme. On me dit cependant que les deux dames étoient souvent en querelle, et en venoient fréquemment aux coups; et que toutes les fois que l'époux vouloit les séparer, elles tomboient sur lui d'un commun accord, et se vengeoient sur ses cheveux.

Il n'est pas étonnant que les mœurs des Hottentots, dont aujourd'hui la plupart sont esclaves, soient sujettes à des variations. Je ne pus alors savoir avec quelque certitude jusqu'à quel point les Hottentots ont anciennement pratiqué la polygamie. Il n'y a, m'a-t-on dit, chez les *Boshis* d'autres cérémonies matrimoniales, que celles qui sont inévitablement nécessaires et conformes à la nature, l'accord des parties et la consommation.

Mon hôte et mon hôtesse, qui, vingt ans auparavant, avoient demeuré plus près du Cap, à *Groot vaders-bosh*, croyoient que le bruit populaire concernant les mariages Hottentots, n'étoit pas sans fondement, c'est-à-dire, qu'un maître des cérémonies accomplissoit les rites matrimoniaux, en aspergeant immédiatement de son urine le marié et la mariée ; mais que cette coutume ne se pratiquoit que dans l'intérieur de leurs *Craals*, et jamais en présence des Colons. Mes Hottentots, que je questionnai fréquemment sur ce fait, ne me l'ont ni avoué, ni absolument nié ; probablement cet usage est encore retenu dans quelques *Craals* ; mais que les cérémonies funéraires soient les mêmes dans toutes les tribus de Hottentots, et qu'elles se bornent simplement à ce qu'on va lire, c'est ce dont nous sommes bien assurés. Le mort est déposé, ou nu, ou couvert de son manteau, dans un trou en terre, ou dans quelque passage souterrain où il devient ordinairement la proie de quelque bête féroce. Cependant ils bouchent ordinairement l'ouverture du trou ou passage, d'un gros paquet d'épines ou de broussailles.

Par-tout où je passai, je ne négligeai rien

1775.
Novemb.

pour connoître jusqu'à quel point il est vrai que les Hottentots excluent de leur société les individus vieux ou inutiles. La seule personne qui put me citer un exemple de ce fait parmi les Hottentots, fut mon hôte. Dans sa jeunesse étant allé chasser à *Krakekamma*, accompagné d'un de ses amis nommé *Vanderwat*, avec lequel j'ai aussi fait connoissance, ils observèrent dans les plaines désertes de ce canton, une petite rigole étroite, formée et environnée par des buissons et des ronces. Attirés par la curiosité, ils s'en approchèrent à cheval, et y trouvèrent une vieille Hottentote aveugle. Aussitôt qu'elle les entendit venir, elle voulut fuir en rampant, et se cacher; ensuite elle se montra, mais avec une mine fort rechignée : elle leur avoua cependant qu'elle avoit été abandonnée à sa destinée par les Hottentots de son *Craal* mais elle ne voulut recevoir aucune assistance de ces Chrétiens. Ils ne lui demandèrent pas à la vérité si c'étoit avec ou sans son consentement qu'elle se trouvoit dans cette situation. Etant ensuite allés au *Craal* auquel cette femme appartenoit, ils ne purent tirer des Hottentots d'autres éclaircissemens, sinon qu'ils avoient en effet laissé là la vieille femme. Pour toutes provisions, ils n'apperçurent autour d'elle qu'un baquet qui contenoit un peu d'eau.

Une autre coutume non moins horrible, qui n'a jusqu'à présent été remarquée par personne, mais dont l'existence chez les Hottentots m'a été pleinement certifiée, c'est, en cas de mort de la mère, d'enterrer vivant, avec elle, son enfant à la mamelle. Cette année même, dans l'endroit où j'étois alors, le fait qu'on va lire étoit arrivé.

Une Hottentote étoit morte à cette ferme, d'une fièvre épidémique; les autres Hottentots, qui croyoient n'être pas à portée d'élever l'enfant femelle qu'elle avoit laissé, ou qui ne vouloient pas s'en charger, l'avoient déja enveloppé vivant dans une peau de mouton, pour l'enterrer avec sa défunte mère. Quelques fermiers du voisinage les empêchèrent d'accomplir leur dessein; mais l'enfant mourut bientôt après de convulsions.

Mon hôtesse, qui commençoit à n'être plus jeune, me dit qu'elle-même, il y avoit seize ou dix-sept ans, avoit trouvé dans le quartier de *Zwellendam* un enfant Hottentot empaqueté dans des peaux, attaché fortement à un arbre près de l'endroit où

1775.
Novemb.

sa mère avoit été récemment enterrée. Il restoit encore à cet enfant assez de vie pour le sauver. Il fut élevé par les parens de M^{de}. *Kok*; mais il mourut à l'âge de huit ou neuf ans.

Il résulte de ces exemples et de plusieurs autres traits que je tiens des Colons, que les enfans ne sont jamais enterrés ou exposés vivans, que lorsque leurs plus proches parens, leurs gardiens naturels, sont morts. Je crois qu'on peut en conclure aussi que les Hottentots surannés ne sont jamais exposés, s'ils ont des enfans ou proches parens pour prendre soin de leur vieillesse. Comme ces cas sont nécessairement très-rares, il ne faut pas s'étonner que cette pratique fût alors moins en vogue, et que nous-mêmes n'en eussions point encore entendu parler dans le pays.

Quels que soient les motifs qui ont pu donner lieu à cette coutume, ce n'est pas sans raison que nous, qui avons le bonheur de naître dans un état plus civilisé, avons accusé les Hottentots d'inhumanité: il est cependant vrai qu'en cela ils sont plutôt dignes de pitié que de reproches et d'opprobres : en réfléchissant un moment, nous trouverions peut-être que dans nos socié-

tés si vantées, si polies, on ne rencontre
que trop de ces gens délaissés, dépourvus
de tout, livrés tout entiers à leur terrible
destinée. S'il s'agissoit de comparer stricte-
ment et de bonne foi les vices et les crimes
des Hottentots avec ceux des peuples ci-
vilisés, le résultat sans doute ne feroit
honneur ni aux uns, ni aux autres, mais
je crains qu'il n'en fît moins encore aux
derniers.

1775.
Novemb.

Le 30, ou le lendemain du bal, nous
nous préparâmes à partir. Notre hôte,
qui, jusqu'alors nous avoit accueillis et
traités avec bonté et libéralité, prit soin
de nous fournir tout ce qu'il crut nécessaire pour notre voyage. Il me prêta une
couple d'excellens bœufs de trait, en
place de deux des miens, dont l'un, ayant
été mordu par un serpent, ne pouvoit me
servir, et l'autre étoit en très-mauvais état.
Il n'oublia pas d'y joindre son meilleur Hottentot, nommé *Pattje*, celui qui l'avoit
toujours accompagné dans ses diverses parties de chasse, pour porter ses armes, et
lui aider à tuer le gibier.

Notre hôtesse qui savoit fort bien, que
dans un désert de cent *uurs* de long, et où
le gibier n'abonde pas toujours, nous ne

1775.
Novemb.

trouverions pas souvent une table bien servie, fit pour nous un excellent viatique. Il étoit composé d'une caisse pleine de biscuits, dix livres de beurre, et un gros mouton dépecé et salé dans sa peau liée par les deux bouts en forme de sac. Le reste de nos provisions consistoit en deux gros pains et un sac de farine pour mes Hottentots, qui étoient au nombre de trois.

Durant notre séjour à cette ferme nous trouvâmes un grand nombre d'insectes, et de plusieurs espèces que nous n'avions point encore vues. Celle, entr'autres, qui excita le plus mon admiration, fut le *termes*. Par un jour chaud vers la fin du mois, j'ai oublié d'en marquer exactement la date, je vis sortir de terre, en plusieurs endroits, des milliers d'insectes blancs, ressemblans un peu par leur forme, à des fourmis. Quelques-uns avoient environ un demi-pouce de long, et chacun quatre ailes, avec lesquelles ils s'envolèrent, essaimant dans l'air par pelotons, comme des mouches éphémères, sans cependant qu'ils parussent s'accoupler. Quand ils sont pris, leurs ailes se détachent facilement, si l'on n'y apporte beaucoup de précautions. Ils avoient le corps d'un blanc de lait, extrêmement tendre;

tendre, l'on en pouvoit aisément exprimer une liqueur blanche. Je vis en même tems, des milliers d'insectes, ou fourmis plus petites, qui sortoient de terre par les trous que les premiers sembloient avoir faits. Ceux-ci paroissoient fort aisés à irriter, et enclins à mordre. Leurs têtes étoient plus grosses que celles des premiers, et leurs mâchoires plus aiguës et plus tranchantes. J'en ramassai une quantité suffisante pour en faire présent à mes amis, amateurs d'insectes, et particuliérement à l'illustre Baron de Geer, qui les a adoptés (*), sous le nom de *termes capensis* (**).

1775.
Novemb.

(*) V. ses mémoires, tome VII, page 47, pl. XXXVIII, fig. 1--4.

(**) Ce fut à la distance d'un mille et demi de la ferme, dans un endroit couvert de bois, que je découvris le *termes Capensis*. Je les observai perçant la terre en plusieurs endroits, et se faisant jour à travers la surface, avec beaucoup d'impatience. Comme j'étois alors occupé à soigner les Hottentots malades, lorsque je revins le lendemain matin à l'endroit où je les avois vus, ils étoient presque tous disparus, et je ne pus observer plus amplement l'économie de ces insectes, qui doit être fort admirable. Je ne puis dire avec quelque certitude, si ce *termes Capensis* est la même espèce que les fourmis blanches, comme on les appelle, qui bâtissent et habitent ces monticules de terre d'un gris foncé, élevées à la hauteur de trois ou quatre pieds, que j'ai vues souvent à *Lange-kloof*. Toutes les fois que j'ai eu occasion d'ouvrir quelques-unes de ces fourmilières, pour les examiner,

Tome II.   G

1775.
Novemb.

Mon hôte avoit vu de ces insectes ailés en bien plus grande quantité. Il me dit, que les Boshis et autres Hottentots qui en mangeoient, devenoient en peu de tems gras et bien portans. Ils les font bouillir dans leurs vases de terre, où quelquefois les mangent cruds. Voyant un jour que le fils unique de mon hôte en goûtoit, j'en goûtai aussi, et n'y trouvai d'autre goût, qu'une fraîcheur au palais. On va voir dans l'article suivant, l'histoire plus détaillée de ces insectes.

Les sauterelles sont aussi un grand régal que la providence envoie de tems en tems aux Hottentots les plus sauvages, et qui habitent les pays les plus reculés : souvent après une absence de huit, dix, quinze, vingt ans, ou même plus, ils les voient reparoître par essaims innombrables. Ces

---

ce que je ne faisois pas sans quelque inquiétude, j'ai toujours trouvé les oiseaux dénichés ; mais dans les fourmilières de terre, d'environ un pied de haut ; que j'ai examinées sur les montagnes à Falsebay, j'ai trouvé une espèce de *termès* gris, qu'ils appèllent *pismire*, un peu différent du *termès Capensis* sans ailes.

J'ai vu encore entre *Boshies-man-rivier* et *Vish-rivier*, une autre espèce de *termès* qui n'étoit pas plus grand que notre *termès pulsatorius* ; et qui, s'il m'en souvient, ressembloit beaucoup à la fourmi blanche des Indes, ou *termès fatalis*.

sauterelles viennent alors du nord au sud, et ne sont rebutées par aucun obstacle dans leur émigration ; elles suivent hardiment cette direction, et sont noyées dans la mer, toutes les fois qu'elles osent essayer de la franchir. Les femelles de cette race d'insectes, que les Hottentots mangent de préférence, ont moins d'aptitude à la migration, et ne peuvent, dit-on, voler, vu que leurs aîles sont trop courtes, et leur ventre trop pesant et trop gonflé d'œufs. Elles meurent, dit-on aussi, dès qu'elles ont déposé leurs œufs dans le sable. C'est sur-tout des femelles, que les Hottentots font une soupe brune, et qui paroît grasse. Plusieurs différentes personnes se sont accordées sur ce fait, ajoutant que, malgré que les Hottentots fussent bien certains que ces sauterelles détruiroient sur la terre jusqu'au plus petit brin de verdure, ils étoient tous dans l'alégresse en les voyant arriver. Il est vrai qu'ils se dédommagent amplement sur elles de la destruction des végétaux : ils en mangent tant, qu'en quelques jours on les voit engraissés. Je tiens de mon hôte, que dans une année fertile en sauterelles, comme il étoit à la chasse de l'autre côté de *Vish-rivier*, les

Hottentots de ces contrées expliquoient ainsi cette extrême abondance : c'étoit un maître magicien, qui se trouvant alors fort avant dans le nord, avoit levé une pierre qui couvroit une fosse profonde, et c'étoit de cette fosse qu'étoient sorties ces nuées de sauterelles, pour venir leur servir de nourriture.

Il est cependant difficile d'expliquer les intentions de la nature, dans la production des sauterelles : on ne peut croire qu'elle n'ait eu d'autre vue que d'engraisser quelques Hottentots ; mais j'ai parcouru trop précipitamment le promontoire sud de ce coin du globe, pour pouvoir pénétrer ces mystères.

J'oserai cependant hasarder une conjecture : d'après tous les récits, dans tous les endroits où se posent des essaims de sauterelles, les végétaux sont détruits et quelquefois entiérement consumés, comme s'ils avoient été dévorés par le feu. N'est-il pas possible que ces petits animaux soient propres à nettoyer les champs des mauvaises herbes, comme le feu, que les Colons emploient quelquefois ? Dans l'un et l'autre cas, le sol reste à la vérité absolument dépouillé ; mais ce n'est que pour reparoître bientôt après, orné d'une plus magnifique parure. Il se couvre alors de gazons annuels de diverses espèces, d'herbes et de lis superbes, qui languissoient étouffés sous des arbustes et des plantes perpétuelles. Celles-ci, qu'on voyoit l'année précédente dures, desséchées, flétries, d'un jaune pâle, et presque mortes, recommencent alors à pousser des bourgeons et des feuilles; les pâturages sont revêtus de verdure. Heureuse révolution pour les hommes, pour le bétail et pour le gibier (*).

Nota. Nous avons cru faire plaisir à nos lecteurs en insérant dans le voyage de M. Sparman, une relation qui n'a point encore été traduite, sur un insecte d'Afrique, imparfaitement connu sous le nom de *Termes*, et que nous nommerons en françois, ter-

---

(*) Il fit plus chaud dans ce mois que dans aucun des précédens, sur-tout sur la fin, lorsque nous quittâmes *Langekloof* et *Cromme-rivier*, et que nous vînmes dans les plaines du côté de la mer.

Vers les huit heures du matin le thermomètre, à l'ombre, étoit ordinairement de 65 à 70; et sur le midi, de même à l'ombre, il étoit quelquefois jusqu'à 80.

Les jours pluvieux furent les 11, 16, 17, 18, 19 et 26; le vent étant tantôt de sud-est, tantôt de sud-ouest. Les autres jours furent beaux et sans pluie, et les vents furent alors le plus souvent de nord-ouest et d'ouest.

mite. On a imprimé un croquis de cette relation dans la traduction récente du voyage de Makintosh; mais c'est plutôt une amorce jetée à la curiosité du lecteur, qu'un extrait propre à faire connoître cet insecte merveilleux. Ce sont quelques faits pris au hasard et cousus ensemble, sans détail, sans description, sans figures, qui puissent en donner, en fixer une idée claire et durable dans l'esprit du savant ou du curieux : et si nos abeilles ont leur histoire et leurs mœurs écrites et circonstanciées dans des volumes entiers, doit-on mutiler et ravir quelques pages consacrées, par un observateur oculaire, à la connoissance de ces petits êtres dont le mince individu renferme une vaste intelligence, qui étonne et égale celle de l'homme ? Cette traduction est faite sur un exemplaire donné par l'auteur, et dont les planches ont été dessinées et enluminées par lui-même.

RELATION

SUR LES TERMITES,

adressée à la Société royale de Londres, par M. Smeatman, en février 1781.

Parmi les objets curieux que m'ont offert mes voyages dans cette contrée presque inconnue qu'on nomme Guinée, les termites, que la plupart des voyageurs ont appelé *fourmis blanches*, m'ont paru, à plusieurs égards, mériter le plus cette observation suivie et cette attention exacte que je leur ai données.

Les ravages soudains et immenses qu'ils font dans les propriétés de l'homme sous la zone torride, les ont trop fait connoître à ses habitans, dont ils sont le fléau le plus redoutable.

La grandeur et la structure de leurs logemens ont attiré l'attention de beaucoup de voyageurs; et cependant personne ne nous en a encore donné une description passable. Lorsqu'on vient à considérer l'admirable économie de ces insectes, et l'ordre qui règne dans leurs cités souterraines, on ne peut s'empêcher de les placer à la tête de la liste des plus grandes merveilles de la création, en les voyant imiter de si près l'espèce humaine dans la prévoyance, l'industrie et la régularité de leur gouvernement.

La sagacité de ces petits insectes est si supérieure à celle de tous les autres animaux dont j'aie jamais ouï parler, que les faits que j'en raconte ici paroîtroient incroyables, si je n'avois pas heureusement les témoignages les plus authentiques à citer, pour en garantir la vérité. Il existe en Angleterre tant de témoins vivans de cette relation extraordinaire, que j'espère en être cru sur des circonstances singulières, que personne que moi n'a eu occasion d'observer, et qui ne sont pas susceptibles d'être démontrées, excepté sur les lieux mêmes où se trouvent ces insectes (*).

(*) Ils sont connus sous différens noms. Ils appartiennent au *terme* de Linné et des autres naturalistes.

Par les Anglois. { Dans les parties au vent de l'Afrique, ils sont appelés *bugga-bugs*. Dans les Indes occidentales, *wood-lice*, *wood ants*, ou *white ants*.

Par les François. { Au Sénégal, *vague vagues*. Dans les Indes occidentales, *poux de bois* ou *fourmis blanches*.

Les termites sont représentés par Linné comme le plus grand fléau des deux Indes; et ils le sont en effet pour les habitans de l'espace qui est entre les deux tropiques, par les dommages qu'ils leur causent, en dévorant et perçant tous les bâtimens en bois, les ustenciles, les meubles, les étoffes et les marchandises, qu'ils ont bientôt dé-

---

Par les habitans de Balm ou de l'île de *Schrebo* en Afrique, *scantz*.

Par les Portugais dans le Brésil, *coupée*, ou plutôt *coupeurs*, parce qu'ils coupent tout en pièces. C'est par ce dernier nom qu'on les distingue dans les diverses régions du tropique, ou par ceux de *mangeurs*, *perceurs*, et quelques autres semblables.

Le docteur Solander a ainsi divisé les différentes espèces de ces insectes.

1°. Termes *bellicosus*, corpore fusco, alis fuscescentibus; costâ ferrugineâ, stemmatibus subsuperis oculo propinquis, puncto centrali prominulo.

2°. Termes *mordax*, nigricans, antennis pedibusque testaceis, alis fuliginosis: areâ marginali dilatatâ: costâ nigricante, stemmatibus inferis oculo approximatis, puncto centrali impresso.

3°. Termes *atrox*, nigricans, segmentis abdominalibus margine pallidis, antennis pedibusque testaceis, alis fuliginosis: costâ nigrâ, stemmatibus inferis; puncto centrali impresso.

2°. Termes *destructor*, nigricans, abdominis lineâ laterali luteâ, antennis testaceis, alis hyalinis: costâ lutescente, stemmatibus subsuperis, puncto centrali obliterato.

5°. Termes *arborum*, corpore testaceo, alis fuscescentibus: costâ lutescente, capite nigricante, stemmatibus inferis oculo approximatis, puncto centrali impresso.

truits, si on ne les prévient à tems; car il ne faut pas moins que la dureté des métaux et de la pierre pour résister à leurs mâchoires destructives. Ces insectes ont généralement été nommés fourmis, apparemment à cause de plusieurs ressemblances dans leur manière de vivre réunies en vastes communautés, qui bâtissent des nids fort extraordinaires, la plupart sur la superficie de la terre, d'où ils sortent par des passages souterrains, ou des galeries couvertes, qu'ils construisent dès que la nécessité les y oblige, ou que l'avidité du butin les y porte, et delà ils vont faire au loin des excursions et des dégradations qui ne sont croyables que pour ceux qui les ont vues. Mais quoiqu'ils vivent en société, et qu'ils soient omnivores, comme les fourmis; quoiqu'ils soient comme elles, dans une certaine période de leur existence, fournis de quatre ailes, et qu'ils fassent des émigrations et des colonies dans la même saison, ils ne sont nullement la même espèce d'insectes, et leur forme ne correspond en aucune manière avec celle des fourmis, dans aucun état de leur existence, qui, comme dans la plupart des autres insectes, subit plusieurs métamorphoses. Les termites ressemblent encore aux fourmis dans leur prévoyance et leur activité laborieuse ; mais ils les surpassent, elles et les abeilles, et les guêpes, et les castors, et tous les animaux connus, dans l'art de bâtir, autant que les Européens y excellent au dessus des sauvages les plus grossiers. Il est très-probable qu'ils les surpassent encore dans l'art de se gouverner : il est certain qu'ils offrent plus d'exemples frappans de leur invention et de leur industrie, qu'aucun autre animal, et qu'ils forment des magasins de provisions ; degré de prudence qui vient d'être refusé, peut-être sans raison, aux fourmis (*).

Il est surprenant qu'au défaut de l'admiration, l'intérêt du moins n'ait pas porté à donner, avec étendue et exactitude, l'histoire d'un insecte si funeste aux propriétés de l'homme, et qui en a reçu le nom bien

---

(*) Quoique les fourmis n'aient aucun besoin d'amasser des magasins pour l'hiver, dans les climats froids, il n'en est pas moins certain qu'elles assemblent de grands amas de provisions dans leur nid, pour la nourriture de leurs petits ; et il est très-probable qu'elles se prémunissent d'avance contre les accidens qui pourroient être funestes à leur jeune famille, qui, comme tous les autres insectes dans l'état de chenille, sont très-voraces, et ne peuvent supporter de longues privations.

mérité de *fatal*, ou *destructeur*. Bosman, qui écrivoit au commencement de ce siècle, en avoit rapporté quelques circonstances qui auroient dû piquer la curiosité, et éveiller le naturaliste. Suivant ce voyageur, le roi des termites passoit pour être aussi grand qu'une écrevisse : quoique la comparaison soit loin d'être juste, elle approche pourtant de la vérité pour la grandeur de la femelle, qui est la commune mère de la société, et qui en est *la reine*, pour employer le titre adopté depuis un tems immémorial pour les fourmis et les abeilles.

Ces communautés sont composées d'un mâle et d'une femelle, qui généralement sont les communs parens de toute la famille, ou de la plus grande partie, et de trois ordres d'insectes, qui offrent en apparence des espèces différentes, mais qui sont réellement la même, et qui tous ensemble composent de grandes républiques, ou plutôt de grandes monarchies, si l'on me passe l'expression.

Le grand Linné, qui n'avoit entendu parler que de deux de ces ordres, en a mal classé le genre : il l'a placé au rang des *aptera*, ou insectes sans ailes, tandis que l'ordre principal, c'est-à-dire, l'insecte dans son état parfait, a quatre ailes sans aiguillon, et conséquemment appartient aux *neuroptera* ; classe où il formera un nouveau genre, ayant sous lui plusieurs espèces (*).

Les différentes espèces de ce genre se ressemblent pour la forme, pour la manière de vivre, et dans leurs bonnes et mauvaises qualités ; mais elles different entre elles, autant que les oiseaux entre eux, dans la manière de construire leurs nids ou habitations, et dans le choix des matériaux dont ils les composent.

De ces cinq espèces de termites décrits dans la note précédente, p. 105, le *termes bellicosus* est le plus gros ; le *termes mordax* est le plus petit. La plupart de ces espèces bâtissent sur la surface de la terre, ou partie dessus, partie dessous ; et il y en a une, ou peut-être davantage, qui bâtissent

---

(*) Je ne doute nullement, d'après la description et les figures que l'illustre baron de Geer nous a données du *termes pulsatorius*, ou grillon, dans le 7e. vol. de ses Mémoires pour servir à l'histoire des insectes, que dans leur état parfait ils n'aient des ailes ; qu'ils ne produisent des essaims, et ne fassent des émigrations, et que leur manière de vivre n'ait une grande analogie avec les termites des climats chauds ; car ils paroissent avoir toute la forme extérieure des termites exotiques, j'entends de ceux du premier et second ordre. Mémoires de Geer, tome VII, page 45, pl. IV, fig. 1, 2, 3 et 4.

sur les branches des arbres, et quelquefois à une très-grande élévation.

Dans chaque espèce, il y a trois ordres; 1°. ceux qui travaillent, que je nommerai travailleurs ; 2°. ceux qui combattent, ou les soldats, qui ne travaillent point ; 3°. le termite ailé, ou l'insecte à sa perfection. Ces derniers sont mâles ou femelles, et capables de propagation. On peut les appeler la noblesse, car ils ne travaillent ni ne combattent ; ils sont incapables d'exercice, et presque de se défendre eux-mêmes. Ils ne sont propres qu'à être élus rois ou reines des termites ; et quand la nature les a élevés à l'état ailé, ils sont obligés de changer d'habitation peu de semaines après, et d'aller fonder de nouveaux royaumes, ou mourir en un jour ou deux.

La plus grosse espèce, les termites belliqueux, est aussi la plus remarquable et la mieux connue sur les côtes d'Afrique. C'est des deux premiers ordres de cette espèce, ou d'une semblable, que Linné semble avoir pris sa description du *termes fatalis* ; et la plupart des relations qu'on nous a rapportées d'Afrique ou d'Asie, sur les fourmis blanches, sont aussi prises d'une espèce si semblable à celle dont nous parlons, par leur forme extérieure et leur grandeur, qu'on peut dire, avec une sorte de certitude, que toutes ces fourmis ne sont que des variétés d'une même espèce.

La raison pour laquelle les gros termites ont été les plus remarqués, est sensible; outre qu'ils bâtissent des nids plus grands et plus curieux, ils sont aussi plus nombreux, et font infiniment plus de mal aux hommes. Ils sont pernicieux, lorsqu'ils attaquent des choses que nous aurions voulu conserver saines; mais quand ils s'attachent à détruire des arbres qui tombent en pourriture, et des substances qui ne font qu'embarrasser la surface de la terre, plus ils sont voraces et destructeurs, plus ils sont utiles.

Entre tous les agens chargés de débarrasser dans ces climats la surface de la terre, il n'en est point d'aussi habiles ni d'aussi expéditifs que les insectes dont nous parlons : en un petit nombre de semaines, ils détruisent et emportent des troncs d'arbres énormes. Dans un lieu où, deux ou trois ans auparavant, étoit une grande ville, si les habitans ont jugé à propos de l'abandonner, comme il est souvent arrivé, on voit aujourd'hui un bois épais, et pas un seul vestige d'un poteau, à moins que le bois ne fût de l'espèce que sa dureté a fait nommer *bois de fer*.

Ce que je rapporte des termites en général, est le résultat de mes observations sur les termites belliqueux, qui sont l'espèce que je pouvois observer avec plus de facilité et de certitude.

Leurs nids sont si nombreux dans toute l'île des *Bananes*, et dans toutes les parties adjacentes du continent, qu'il est presque impossible, si l'on est dans une place découverte, telle qu'une plantation de riz ou tout autre champ ras, de ne pas appercevoir dans l'espace de cinquante pas, un de leurs édifices; l'on en voit souvent deux ou trois presque contigus. Dans quelques endroits près du Senégal, rapporte M. Adanson, on croit, à leur nombre, à leur grandeur, à la proximité de leur position, appercevoir autant de villages (*). L'on

---

(*) « Mais de toutes les choses extraordinaires que j'ai observées, rien ne m'a autant frappé que certaines éminences, qui, par leur hauteur et leur régularité, me parurent de loin un assemblage de huttes de Nègres, ou un village considérable, et qui n'étoient que les nids de certains insectes. Ce sont des pyramides rondes, de huit à dix pieds de haut, sur une base à-peu-près de la même dimension, avec une

en

en rencontre aussi souvent, mais qui sont moins grands, dans la nouvelle Hollande.

Ces édifices sont appelés monticules par les naturels, à cause de leur figure extérieure qui est celle d'un petit mont plus ou moins conique, généralement d'une forme élégante et approchant de celle d'un pain de sucre; leur hauteur perpendiculaire est de dix ou douze pieds au dessus de la surface de la terre (*). Pl. I, fig. 1.

« surface unie, de la meilleure argile, excessivement dures « et bien bâties. » *Voyage d'Adanson au Sénégal*, in-8°. pag. 153--337. *Voyage au Sénégal*, in-4°. pag. 83--99.

Nota. Ce que dit M. Adanson d'une ouverture par laquelle il suppose que les insectes entrent et sortent, est évidemment une méprise provenant de ce qu'il a conclu naturellement que ces insectes avoient un chemin conduisant à leurs nids, sans examiner où il étoit. On verra par cette relation qu'ils ont en effet des milliers de chemins pour entrer et sortir, mais tous souterrains.

(*) Jobson, dans son histoire de Gambie, dit: « Dans ce « pays les fourmilières sont remarquables; quelques-unes « sont élevées par les fourmis à la hauteur de vingt pieds, « et pourroient contenir une douzaine d'hommes. Elles s'endurcissent tellement à l'ardeur du soleil, que nous avions « coutume de nous cacher dans les sommets brisés de quelques-unes de ces fourmilières, lorsque nous nous apostions « pour tirer la bête fauve ou les animaux sauvages. » *Purchas's pilgrims*, vol. II, page 1570.

« Les fourmis font des nids de terre d'environ deux fois la « hauteur d'un homme » *Bosman's, description of Guinea*, page 276--493.

Tome II. H

Ces monticules restent nuds jusqu'à ce qu'ils soient à la hauteur de six ou huit pieds ; mais alors la terre stérile et morte dont ils sont construits, est fecondée par l'influence génératrice des élémens dans ces climats fertiles et par l'addition des sels végétaux et d'autres matières apportées par le vent. La seconde ou la troi-

---

Les *travailleurs* n'ont pas tout-à-fait un quart de pouce de long : cependant, pour éviter les fractions, et les comparer avec plus de facilité, eux et leurs bâtimens, avec ceux des hommes, j'estime à un quart de pouce leur longueur ou hauteur, et la stature humaine, pour éviter aussi les fractions, à six pieds, dimension pareillement au dessus de la hauteur ordinaire des hommes. Si donc un *travailleur* est = à un quart de pouce = à 6 pieds, quatre *travailleurs* sont = à un pouce en hauteur = à 24 pieds, nombre qui, multiplié par les 12 pouces que contient le pied, donne la hauteur comparée d'un pied de leur édifice = à 288 pieds d'un édifice bâti par l'homme; lesquels multipliés par 10 pieds, hauteur supposée d'un de leurs monticules = 2880 pieds, hauteur qui excède de 240 pieds un demi-mille, ou qui est presque cinq fois la hauteur de la grande pyramide ; et comme la base est d'une dimension proportionnée, le cube de leur monticule contient cinq fois le cube de la pyramide.

Si nous joignons à cette comparaison celle du tems que les hommes mettent à ériger ces édifices, et si nous considérons les termites élevant les leurs dans l'espace de trois ou quatre ans, l'immensité de leur ouvrage réduit à un point de vue bien étroit la prétendue grandeur des anciennes merveilles du monde et donne un exemple d'industrie et d'activité qui surpasse tout l'orgueil des hommes, autant que la cathédrale de Saint Paul surpasse la hutte d'un Indien.

sième année, le monticule, s'il n'est pas ombragé par des arbres, devient, comme le reste de la terre, presque couvert de gazon et d'autres plantes, et dans le tems de la sécheresse, lorsque l'herbe est brûlée par les rayons du soleil, il ressemble assez bien à une grande mule de foin (*).

Chacun de ces édifices, est composé de deux parties distinctes, l'extérieur et l'intérieur. L'extérieur est une large écaille ou croûte, de la forme d'un dôme, assez vaste et assez forte pour protéger l'intérieur contre les vicissitudes de l'air, et les habitans contre les attaques de leurs ennemis naturels ou accidentels. Il est conséquemment toujours plus solide que l'intérieur, qui est la partie habitable, divisée avec une adresse et une régularité merveilleuse, en un grand nombre d'appartemens, qui sont le domicile du roi et de la reine,

---

(*) V. le *voyageur universel* de Salmon. On y trouve, dans la carte de Gambie, un de ces nids, sous le nom de *pismire hill* (fourmilière): il y a aussi une figure d'un des insectes travailleurs. Mais comme le monticule est représenté au dessous de sa juste proportion, ou plutôt que l'insecte est beaucoup plus grand que nature, cette figure ne donne aucune idée de l'édifice. Je n'ai pu découvrir d'après quel auteur elle avoit été tracée, et c'est la seule que j'aie jamais vue dans les livres.

le lieu où sont nourris leur nombreuse lignée, et des magasins, qu'on trouve toujours pleins de provisions.

Je n'entrerai pas à présent dans un détail plus circonstancié de ces édifices, pour éviter de paroître diffus; mais j'ose croire que, lorsque j'y reviendrai, le lecteur suivra avec plaisir le fil de mes observations.

La première indication qui annonce un monticule se formant dans quelque endroit, est une ou deux petites tourelles, élevées à la hauteur d'un pied ou plus, au dessus de terre (*). Bien-tôt après, tandis que les premieres croissent toujours en hauteur et en grosseur, ils en élèvent d'autres à quelque distance, et continuent ainsi d'en augmenter le nombre et de les élargir à la base, jusqu'à ce que leurs ouvrages souterrains en soient couverts, ayant soin de faire celles du milieu les plus hautes et les plus grosses : alors ils remplissent en dessus les intervalles entre chaque tourelle, et les réunissent en un seul dôme.

Ils paroissent s'embarrasser peu de la

(*) On a représenté quelques-unes de ces tourelles près des monticules (pl. I, fig. 3). J'en ai vu, à côté des nids, plusieurs de quatre ou cinq pieds de haut. (Pl. 1, fig. 1, a a a).

régularité de ces tourelles, pourvu qu'elles soient solides ; et quand par leur réunion le dôme est achevé, ils enlèvent entièrement le dessous des tourelles du milieu, et ne laissent que les sommets, qui, joints ensemble, forment la couronne de la coupole : ils emploient alors cette argile, détachée de la coque extérieure, à fabriquer le dedans, ou élèvent de nouvelles tourelles pour porter le monticule plus haut encore ; d'où l'on peut conjecturer qu'ils font plusieurs fois de cette argile entassée l'usage que les maçons font des planches et échafauds.

Lorsque les monticules ne sont encore qu'à la moitié de leur hauteur, les taureaux sauvages ont coutume de monter dessus, et d'y rester en sentinelle, tandis que le reste du troupeau rumine au dessous. (V. la pl. I, fig. 7.) La voûte est assez forte pour les soutenir ; et quand l'édifice a atteint sa pleine hauteur, il sert à merveille d'observatoire. J'ai monté avec quatre hommes sur le sommet d'un de ces monticules ; toutes les fois qu'on venoit nous dire qu'on appercevoit un vaisseau, nous courions aussitôt à quelque fourmilière de *bugga-bugs*, sur laquelle nous grimpions pour découvrir l'objet lointain: car en restant sur la surface de la campagne, il étoit rarement possible de rien voir au dessus des graminées (*) et autres plantes, qui bornoient de tous côtés la vue de l'horison.

Le dôme sert non seulement à soutenir l'intérieur, et à le mettre à couvert de la violence et de la pesanteur des pluies, il sert aussi à concentrer et conserver un degré égal de chaleur générative et de moiteur, qui paroissent fort nécessaires pour faire éclore les œufs, et pour élever les petits.

La *chambre royale*, que j'appelle ainsi, parce qu'elle est arrangée exprès pour le roi et la reine, qui l'occupent, paroît être un objet très-important pour ce petit peuple. Elle est toujours située aussi près qu'il est possible, du centre de l'édifice, et ordinairement à la hauteur de la surface de la terre. Sa forme est à peu-près celle de la

---

(*) Les plantes graminées, connues sous le nom de gazon de Guinée, si estimées de nos cultivateurs dans les Indes occidentales, croissent en Afrique à la hauteur de treize pieds, et même davantage. Elles parviennent à cette hauteur dans l'espace de cinq ou six mois, et la croissance de plusieurs autres plantes est aussi prompte.

moitié d'un œuf ou d'un ovale applati ; on peut la représenter par un four oblong. (Pl. II, fig. 1 et 2.)

Dans l'enfance de la colonie, cette chambre n'a guère qu'un pouce de long, mais avec le tems ils l'agrandissent en dedans, jusqu'à la longueur de six ou huit pouces, ou même plus, toujours à proportion de la taille de la reine, qui, croissant en grosseur comme en âge, exige à la fin une chambre de ces dimensions.

J'observerai encore sur cette chambre, que le plancher en est parfaitement horizontal ; et, dans de larges monticules, l'argile solide dont il est formé a quelquefois un pouce d'épaisseur. Le toit est une arcade ovale, aussi très-solide et bien tournée ; mais en quelques endroits elle n'est pas épaisse d'un quart de pouce ; c'est aux deux extrémités des côtés, où elle joint le plancher (pl. II, fig. 1, a. a.), et aux endroits où sont pratiquées les portes ou petites entrées, alignées avec le plancher et à des distances égales, l'une de l'autre. (Pl. II, fig. 2 et 4, b. b.)

Aucun animal plus gros que les *soldats* ou les travailleurs, ne peut entrer par ces portes, ensorte que le roi et la reine

(qui, lorsqu'elle a atteint sa pleine grosseur, pèse mille fois plus qu'un roi) ne peuvent jamais sortir.

La chambre royale, si le monticule est grand, est entourée d'une quantité innombrable d'autres chambres de formes, de grandeurs et de dimensions différentes ; mais toutes ayant une voûte, soit circulaire, soit elliptique ou ovale.

Ces appartemens donnent l'un dans l'autre, ou se communiquent par des passages spacieux. Comme ils sont toujours vides, il est évident qu'ils ne sont faits que pour les soldats et valets travailleurs. On verra bientôt qu'il en faut un grand nombre, et qu'ils soient toujours prêts à remplir leurs fonctions.

Ces appartemens sont attenans aux magasins et aux *nourriceries*, si l'on me permet l'expression : les premiers sont des chambres d'argile, toujours remplies de provisions, qui à l'œil ne semblent être que de la rapure des bois ou plantes que les termites détruisent, mais qu'on reconnoît au microscope être principalement des gommes ou jus épaissis des plantes. Ces gommes sont rassemblées en petites masses, dont quelques-unes sont plus raffinées que les autres : elles ressemblent, les unes au sucre qu'on voit autour des conserves de fruits, les autres à de petites larmes de gomme; celle-ci tout-à-fait transparente, celle-là comme l'ambre, une troisième brune, une quatrième tout-à-fait opaque, comme nous voyons souvent des parcelles de gomme ordinaire.

Les *nourriceries* sont des édifices tout-à-fait différens des autres; ils sont entièrement composés de parcelles de bois, qui semblent unies ensemble par des gommes. Je les appelle *nourriceries*, parce qu'elles sont constamment occupées par des œufs et des petits, qu'on apperçoit d'abord sous la forme des travailleurs, mais blancs comme la neige. Ces édifices sont extrêmement serrés, et divisés en plusieurs petites chambres de forme irrégulière. On n'en trouve pas une de la grandeur d'un demi-pouce (pl. II, fig. 5.); elles sont placées autour des appartemens royaux, et aussi près d'eux qu'il est possible.

Quand le nid ne fait que commencer à se former, les *nourriceries* sont presque attenantes à la chambre royale; mais à proportion que la reine grossit, il est nécessaire d'élargir la chambre pour sa commodité. Comme elle pond alors une plus grande quantité d'œufs, et qu'elle a besoin d'un plus grand nombre de gens employés autour d'elle, il est aussi nécessaire d'élargir les appartemens voisins, et d'en augmenter le nombre. En conséquence les petites *nourriceries* bâties d'abord sont mises en pièces, et les termites en reconstruisent un peu plus loin de nouvelles, plus vastes et plus nombreuses.

Ils sont ainsi continuellement élargissant leurs logemens, abattant, réparant, rebâtissant selon leurs besoins, avec une sagacité, une régularité, une prévoyance, au dessus de tout ce que j'ai jamais entendu dire de toute autre espèce d'animal ou d'insecte.

Il y a relativement aux *nourriceries*, une particularité que je ne dois pas omettre. On les trouve toujours légèrement couvertes de moisissure (pl. II, fig. 6), et parsemées de petits globules blancs, de la grosseur à-peu-près d'une petite tête d'épingle. Je pris d'abord ces globules pour des œufs; mais en les regardant au microscope, je vis clairement qu'ils étoient une espèce de mousseron, semblable à nos champignons comestibles, dans l'état où on les choisit pour les confire. (Pl. II, fig. 7.) Entiers, ils sont blancs comme de la neige un peu fondue et gelée une seconde fois; et lorsqu'ils sont brisés, ils semblent composés d'une infinité de parcelles transparentes, à-peu-près ovales, et difficiles à séparer. La moisissure paroît être aussi la même substance (*).

Les *nourriceries* sont renfermées dans des enveloppes d'argile, pareilles à celles qui contiennent les magasins, mais beaucoup plus larges. A la naissance du nid, elles ne sont pas plus grandes qu'une coquille de noix; mais dans les grands *monticules*, elles sont souvent aussi grosses que la tête d'un enfant d'un an.

(*) M. Konig, qui a examiné ces sortes de nids dans les Indes orientales, conjecture, dans un essai sur les termites, lu en présence de la société des naturalistes de Berlin, que ces mousserons sont la nourriture des jeunes insectes. Il faut alors supposer que les vieux ont une méthode pour les faire pousser, et en pourvoir les petits; supposition qui paroîtra étrange aux personnes peu familiarisées avec la sagacité de ces insectes; mais qui, j'ose le dire, d'après maints autres faits extraordinaires que j'en ai vus, n'est pas fort invraisemblable.

Nota. M. Konig n'a pas, autant que je puis voir, apperçu les magasins de provisions dans les nids qu'il a ouverts: mais je dois observer ici que je n'ai connu son ouvrage que par une traduction faite à la hâte des principaux articles de sa relation.

La disposition des parties intérieures est assez semblable dans tous les monticules, excepté quand il se rencontre quelque obstacle insurmontable ; par exemple, lorsque le roi et la reine ont d'abord été logés au pied d'un rocher ou d'un arbre ; on est sûr alors que les termites ont changé l'ordre des bâtimens : autrement, ils sont assez généralement conformes à la description suivante.

La chambre royale, est à-peu-près de niveau avec la surface de la terre, à une distance égale de tous les côtés du corps de logis, et directement sous le sommet du cône. (Pl. I, fig. 2. A. A.)

Elle est entourée de tous les côtés, et dessus et dessous, par ce que j'appelle les appartemens royaux, qui ne sont occupés que par les travailleurs et les soldats, et dans lesquels ils sont à portée de garder, ou de servir les père et mère communs, dont dépendent la sureté, et, suivant les Négres, l'existence même de toute la colonie.

Ces appartemens composent un labyrinthe compliqué, qui s'étend de tous côtés à un pied, ou même plus, de distance de la chambre royale : ici commencent les *nourriceries* et les magasins de provisions. Ils sont séparés par de petites chambres vides et des galeries qui les entourent ou communiquent de l'une à l'autre ; ils se prolongent ainsi de tous les côtés contre la coque qui couvre le tout ; ils s'élèvent en dedans à la hauteur des deux tiers ou des trois quarts de cette coque, laissant au milieu, sous le dôme, une espace ou aire découverte, qui ressemble beaucoup à la nef d'une vieille cathédrale. On voit autour de cette aire, trois ou quatre grandes arcades de forme gothique, qui ont quelquefois deux ou trois pieds de haut, au point où elles forment la façade, mais qui diminuent sensiblement en partant de ce point, comme des arcades en perspective, et se perdent bientôt parmi les chambres et *nourriceries* innombrables, qui sont derrière.

Les voûtes qui recouvrent toutes ces chambres et les passages qui y conduisent, se soutiennent mutuellement; et tandis que les grandes arches intérieures les empêchent de tomber dans le centre, et de remplir l'espace vide, la coque extérieure les soutient de l'autre côté.

Il n'y a qu'un petit nombre d'ouvertures qui donnent dans la grande aire, en comparaison des autres parties de l'édifice ; et celles qu'on y voit pratiquées semblent n'avoir d'autre objet que de communiquer aux *nourriceries* cette chaleur bienfaisante que le dôme concentre.

Le bâtiment intérieur, ou l'assemblage des *nourriceries*, chambres, etc. est couvert d'un toit on sommet plat, qui n'est percé dans aucun endroit : ainsi les appartemens inférieurs seroient garantis de l'humidité, si par hasard le dôme, venant à être endommagé, laissoit passer l'eau. Ce toit n'est pas non plus exactement plat, ni uniforme, parce qu'ils y ajoutent toujours de nouvelles chambres ou *nourriceries*. Les divisions ou colonnes, déja élevées pour soutenir les voûtes des appartemens futurs, ressemblent assez aux créneaux qu'on voit sur la façade de quelques vieux châteaux, et méritent une attention particulière, en ce qu'elles sont une preuve que ces insectes projettent leurs voûtes, et ne les font point, comme je l'ai cru pendant long-tems, par excavation. (Pl. I, fig. 2. B.)

L'aire a aussi un plancher plat, qui pose sur la chambre royale, mais quelquefois fort élevé au dessus, par les *nourriceries* et magasins qui sont entre deux. (Pl. I, fig. 2. C.) Ce plancher est aussi impénétrable à l'eau, et fabriqué de manière à la laisser écouler dans les grands conduits souterrains, s'il arrivoit qu'elle pénétrât jusqu'à l'aire.

Les conduits sont pratiqués en diverses directions, sous les appartemens les plus bas de l'édifice; quelques-uns sont plus larges que le calibre d'un gros canon. Je me souviens d'en avoir mesuré un, parfaitement cylindrique, qui portoit treize pouces de diamèttre. (Pl. I, fig. 2. D. D.) Tous sont enduits d'une couche fort épaisse de la même argile dont le monticule est formé. Ils vont en montant dans la coque extérieure; et serpentant autour de tout l'édifice jusqu'au sommet, se croisent à différentes hauteurs : ils aboutissent, ou dans l'édifice intérieur, ou dans les nouvelles tourelles, ou communiquent à tous ces lieux par d'autres galeries de différens calibres, circulaires ou ovales.

Il y en a sous terre un grand nombre, qui descendent obliquement, jusqu'à la profondeur perpendiculaire de trois ou quatre pieds. C'est là que les termites ouvriers vont prendre ce gravier fin qui, travaillé dans leurs bouches, prend la consistance d'un mortier, et devient cette argile solide et pierreuse dont le monticule et tous les bâtimens sont construits, excepté leurs *nourriceries*.

D'autres galeries remontent, s'étendent horizontalement de tous côtés, et se prolongent près de la surface, à une grande distance : car si vous détruisez autour de votre maison tous les nids de termites, dans l'espace de trois cents pieds à la ronde, les habitans des monticules éloignés, que vous n'aurez point endommagés, conduiront jusque dans vos foyers leurs galeries souterraines, et par la sape et par la mine, envahiront, ravageront vos effets et vos marchandises, et vous causeront de grands dommages, si vous n'êtes sur vos gardes.

Mais pour revenir aux petites cités, qui sont le centre de ces expéditions perfides, il paroît nécessaire que leurs galeries souterraines soient larges : elles sont les principaux passages par où les travailleurs et soldats vont et reviennent, portant du mortier, du bois, de l'eau ou des provisions ; et la pente oblique qu'ils ont soin de donner à ces chemins, est la direction qui convient le mieux à leurs vues : car les travailleurs ne montent à pic que très-difficilement,

et

et les soldats ne le peuvent point du tout. C'est pour cette raison qu'on voit quelquefois un petit chemin oblique, appendu sur quelques-uns des côtés perpendiculaires de l'édifice intérieur. C'est une espèce de rebord dont la surface supérieure est platte et large d'un demi-pouce ; il monte par gradation, comme un escalier ou comme ces routes taillées sur le côté des montagnes, qui sans elles seroient inaccessibles. C'est par ces inventions et de semblables, que les insectes parcourent avec la plus grande facilité, leur immense demeure.

C'est aussi sans doute dans la même intention qu'ils construisent une espèce de pont, qui leur sert d'escalier dérobé. Il part du plancher de la grande aire, et va joindre quelques ouvertures sur le côté d'un des piliers droits qui soutiennent les grandes arcades. Ces escaliers doivent abréger considérablement le chemin aux travailleurs, chargés de porter les œufs, de la chambre royale à quelques-unes des *nourriceries* supérieures, qui, dans quelques monticules, sont à la hauteur de quatre ou cinq pieds : ils leur épargnent la peine de suivre les sinuosités des passages qui tra-

Tome II. I

versent les chambres et les appartemens intérieurs.

J'ai pris mesure d'un de ces ponts; il avoit six lignes de large, trois lignes d'épaisseur, et dix pouces de long ; il formoit le côté d'un arc elliptique, d'une grandeur proportionnée. Je ne pus concevoir comment il n'étoit pas tombé, brisé par son propre poids, avant que les insectes eussent pu le porter et le joindre au côté de la grande colonne. Il étoit soutenu par une petite arche à la base, et l'on voyoit régner tout le long de la surface supérieure une espèce de creux ou rainure, soit qu'elle eût été pratiquée à dessein, pour le faire traverser avec plus de sureté, ou, ce qui n'est pas invraisemblable, qu'il se fût insensiblement usé à force d'être foulé par les travailleurs. (V. pl. I. fig. 2. perpendiculairement au dessus des lettres E. E.)

J'ai décrit avec autant de briéveté que le sujet me l'a permis, et je puis dire sans exagération, ces édifices merveilleux, dont on connoissoit déja la grandeur et la forme, mais dont l'intérieur et les parties les plus curieuses sont si peu connues, que j'ose espérer que ce récit aura du moins le mérite de la nouveauté. Les mots sont insuffisans pour bien décrire un plan d'ouvrage aussi extraordinaire et aussi compliqué ; il faut appeller à son secours les différentes figures qui, quoique inférieures encore aux objets représentés, pourront cependant en donner une idée plus juste.

Les nids des termites sont si remarquables par leur grandeur, que les voyageurs qui les ont vus, n'ont guère parlé d'autre chose, et ont généralement nommé les fourmis blanches pour les seules habitantes de ces monticules. Cependant ceux qui sont bâtis par la plus petite espèce de ces insectes, sont en grand nombre, et quelques-uns sont vraiment dignes d'attention ; surtout une espèce particulière de nids que j'ai, d'après leurs formes, appellés nids *tourelles*. Ils sont beaucoup moins grands que les précédens, et plus petits encore, si l'on en compare la grandeur avec celle des insectes qui les bâtissent ; mais leur forme extérieure est plus curieuse ; et si l'on considère leur solidité, on les regardera encore comme de prodigieux édifices pour un si petit animal (*).

(*) Si l'on calcule leur hauteur par la grandeur des bâtisseurs, et qu'on les compare avec nos édifices, d'après la

Ce sont des cylindres droits, composés d'une terre ou argile noire, hauts d'environ deux pieds trois ou quatre pouces, et couverts d'un toit de la même terre, en forme de cône dont la base s'élargit et excède de trois ou quatre pouces les côtés perpendiculaires du cylindre La plupart ressemblent pour la forme à un moulin à vent rond : mais quelques-uns des toits ont si peu d'élévation dans le milieu, qu'ils sont assez semblables au sommet d'un champignon qui a toute sa crue. (Pl. III. fig. 1. 2.)

Quand une de ces tourelles est finie, elle n'est plus ni changée ni agrandie ; mais lorsqu'elle ne peut plus contenir la famille, ils jettent les fondemens d'une nouvelle tourelle à quelques pouces de la première.

Quelquefois, mais rarement, la seconde est commencée avant que l'autre soit finie, et une troisième avant qu'ils aient achevé la seconde. Ils élèvent ainsi cinq ou six de ces tourelles au pied d'un arbre dans l'épaisseur des bois, et en forment un groupe de bâtimens fort singulier. (Pl. III.)

Les tourelles sont si solidement bâties,

---

même échelle, on trouvera qu'ils sont quatre ou cinq fois plus hauts que nos plus grands monumens, et infiniment plus solides.

que la violence du choc qui les attaque, les renversera de leurs fondemens, ou en déchirera la terre ferme et le gravier, plutôt qu'il ne les rompra par le milieu. Dans ce cas, les insectes en recommencent souvent une autre, et la construisent sur les ruines de la tourelle tombée. Ils attachent et cimentent le cylindre avec le terrain, et élèvent dessus une nouvelle tourelle qui semble ne poser que sur le cylindre horizontal. (Pl. III, fig. 5.)

Tout ce que j'ai observé de plus sur ces nids, c'est la qualité de l'argile dont ils sont formés. C'est une terre riche, végétable et noire, mais qui devient au feu une brique fine, et d'un rouge clair. L'intérieur est assez également divisé en une infinité de cellules de formes irrégulières. Elles sont quelquefois quadrangulaires ou cubiques, et quelquefois pentagones. Mais souvent les angles sont si mal prononcés, qu'une moitié de cellule ressemble à l'intérieur de ces coquilles qu'on nomme *oreilles de mer*. Chaque cellule a deux ou trois entrées, mais il n'y a ni conduits, ni galeries, ni une variété d'appartemens, ni arcades, ni *nourriceries* de bois, etc. etc., et ces tourelles ne renferment pas les merveilles rassemblées dans les nids en monticules.

Il y a des nids *tourelles* de deux grandeurs, bâtis par deux espèces différentes de termites : les plus grands appartiennent au *termes atrox*, qui, lorsqu'il a atteint toute sa croissance, porte un pouce et trois dixièmes, de l'extrémité des ailes d'un côté, à l'extrémité des autres. (Pl. IV. fig. 14.) Le *termes mordax*, la plus petite espèce, ne porte que huit lignes d'une pointe des ailes à l'autre. (Pl. IV, fig. 10.)

D'autres nids, bâtis par une autre espèce d'insectes du même genre, le *termes arborum*, ont fort peu de ressemblance avec les premiers, soit dans leur forme, soit dans la matière dont ils sont fabriqués. Ils sont généralement sphériques ou ovales, et bâtis dans les arbres (*). Ils sont quelquefois posés entre les tiges, et souvent sur une seule branche qu'ils environnent, à la hauteur de soixante-dix ou quatre-vingts

---

(*) La couleur de ces nids, comme celle des tourelles, est noire ; leur surface est irrégulière, et leur forme orbiculaire, d'où ils ont été nommés par les premiers voyageurs Anglois qui ont parlé des îles Caraïbes, *Negro-heads* ; et par les François, *têtes de Nègres*. Voyez Hunter's Evelyn's Silva, page 17.

AU CAP DE BONNE-ESPÉRANCE. 135

pieds. On en voit d'aussi spacieux qu'une barique de sucre. Cependant ceux de cette grosseur sont assez rares (*).

Ils sont composés de petites parcelles de bois et de différentes gommes et sucs d'arbres, combinés peut-être avec des sucs d'animaux. Ces industrieux petits êtres en forment une pâte, qu'ils façonnent en une infinité de petites cellules de formes diverses et irrégulières; mais on n'y trouve rien d'amusant et de curieux, que l'immense quantité d'insectes jeunes et vieux qu'on y voit en tout tems pressés en foule. Les habitans cherchent par fois ces fourmilières pour en nourrir de jeunes volailles, et particulièrement des dindons. Les nids sont très-compactes, et si fortement attachés aux arbres, qu'on ne peut les en arracher qu'en les brisant ou en sciant la branche. Ils soutiendront l'effort d'un *tornado*, ou ouragan, aussi long-tems que l'arbre même sur lequel ils sont fixés. Cette espèce présente à-peu-près la forme, la grandeur, et même la couleur du *termes atrox*. (Pl. IV, fig. 21.)

On trouve quelques nids bâtis dans ces

(*) Long's Jamaica, tome III, page 887.
Sloane's Jamaica, tome II, page 221 et suiv.

I iv

plaines sablonneuses que nous appelons, d'après les Espagnols, *savannes*. Ils ressemblent aux nids en monticules; mais ils sont composés d'une argile noire que les insectes prennent à quelques pouces au dessous du sable blanc. Ils ont la forme d'un cône imparfait, ou d'une cloche, avec leurs sommets arrondis, et sont ordinairement hauts de quatre ou cinq pieds (*). Comme je n'ai vu ceux-ci qu'en passant à travers diverses savannes, à la poursuite d'autres objets, je ne puis dire que très-peu de chose de leurs bâtimens intérieurs. Ils me parurent habités par des insectes à-peu-près aussi gros que les termites belliqueux; peu

---

(*) « Les nids de fourmis sont environ larges de quatre « pieds à la base, et hauts de deux pieds, d'une forme sé- « mi-sphérique. Quoique faits sur le sable mouvant, ils sont « si durs, qu'il faut employer les plus grands efforts pour les « briser, et un chariot chargé ne pourroit les rompre. — « En octobre et novembre ils y ajoutent un nouvel étage. « — Les cochons de terre (les *petits mangeurs de fourmis* « de M. Pennant) font dans ces nids des trous de huit « pouces de diamètre et de six de profondeur, et *quand une partie des habitans sont détruits, le nid est abandonné; mais quelquefois d'autres fourmis le rebâtissent.* » (Ce dernier paragraphe ne nous paroît qu'une conjecture.) Voyage au Cap, par M. l'abbé de la Caille, page 305-356.

Oviédo dit aussi que les fourmis font des fourmilières aussi hautes qu'un homme.

différens au reste, excepté dans leur couleur qui est un peu moins foncée.

Après avoir pris une idée des nids, le lecteur doit lire sans impatience la description plus détaillée des insectes eux-mêmes, préliminaire indispensable pour pouvoir se familiariser avec leur économie et leur administration, avec leur manière de bâtir, de combattre, de marcher en corps. Nous parlerons aussi de leur utilité dans la création, et des grands dégâts qu'ils font dans les possessions des hommes.

Dans le nombre de ces faits, on en trouvera, je l'avoue, de fort extraordinaires, et plusieurs qui ne sont pas susceptibles de démonstration : tel est, par exemple, l'ordre qui règne dans une armée de *termites* que j'ai nommés *voyageurs*, et la régularité avec laquelle les *termites belliqueux* se conduisent, lorsqu'ils réparent une brèche faite à leur monticule ; mais les faits singuliers dont on a les preuves sous les yeux, doivent être suffisans pour faire croire les autres. Si quelques personnes doutoient de ma véracité, je les prie de considérer, qu'un amateur de la nature, qui se plait à étudier ses loix dans tous les objets, ne peut être tenté d'outrepasser, pour le seul plaisir de mentir, les bornes de la vérité. Je suis pleinement convaincu que les ouvrages de la création, et l'ordre qui les gouverne, ont été établis dans la plus haute sagesse; qu'il seroit absurde de chercher à les exagérer ou à les diminuer, et qu'une fausseté dans cette occasion ne serviroit qu'à dévoiler l'ignorance de son auteur. D'ailleurs ce que j'avance ici doit être confirmé ou contredit dans deux ou trois ans, puisqu'il sera sans doute scrupuleusement examiné par tous les curieux qui visiteront les régions du tropique.

J'ai déja observé que dans chaque espèce de termites, il y a trois ordres ; celui des insectes travailleurs est toujours le plus nombreux : dans le termite belliqueux, il paroît y avoir au moins cent travailleurs pour un combattant ou soldat. Dans ce premier état, ils ont à-peu-près la longueur d'un quart de pouce, et vingt-cinq insectes pèsent environ un grain : conséquemment ils sont moins grands que quelques-unes de nos fourmis. (Pl. IV, fig. 6.) D'après leur forme extérieure et leur amour pour le bois, ils ont été nommés, par quelques-uns, *poux de bois*, et tout le genre entier a été connu sous cette dénomination, particulièrement chez les François. Ils courent plus vîte que tout autre insecte de leur grosseur, et sont sans cesse empressés dans leurs fonctions. (*)

Le second ordre, où les soldats ont une forme différente des travailleurs. Quelques auteurs ont cru que ceux-ci étoient les mâles, et que les précédens étoient des insectes neutres; mais c'est une erreur. Les soldats ont seulement subi un changement de forme, et se sont approchés d'un degré de l'état parfait. Ils sont alors beaucoup plus gros, longs d'un demi-pouce, et égaux en poids à quinze travailleurs. (Pl. IV, fig. 8.)

La forme de la tête et des pinces présente encore, entre ces deux individus, une différence remarquable. Dans le premier état, ces parties sont évidemment conformées pour ronger et retenir les corps; mais dans le second, leurs pinces ont exactement la forme de deux alênes fort aiguës, un peu dentelées. (Pl. IV, fig. 9.) Elles ne peuvent servir qu'à percer ou blesser, objet qu'elles remplissent parfaitement; car elles sont aussi solides que les pinces d'une

---

(*) Rochefort, dans son histoire des Antilles, les appelle poux de bois, et parle des dégâts qu'ils font, etc. p. 149.

écrevisse, et placées sur une tête forte, dure comme la corne, d'une couleur rembrunie et plus grosse que tout le reste du corps, qui paroît la traîner avec beaucoup de peine. C'est peut-être ce qui les empêche de monter les surfaces perpendiculaires.

Le troisième ordre, où l'insecte dans son état parfait, a changé de forme encore plus que dans la première métamorphose. La tête, le thorax et l'abdomen diffèrent presque entièrement des mêmes parties dans les travailleurs et les soldats, et de plus l'animal est alors pourvu de quatre ailes, grandes, transparentes, tirant sur le brun, et qui dans le tems de l'émigration, doivent lui servir à aller à la quête d'un nouvel établissement (*). En un mot, il est si différent dans sa forme et ses apparences, de ce qu'il étoit dans les deux autres états, qu'il n'a jamais pu être pris pour le

___

(*) Il y en a d'une certaine espèce, dont les ailes sont rouges. — Ces insectes volans sortent des plus grandes fourmilières, et sont merveilleusement actifs et industrieux. *Kolbein's Cape of good hope*. in-8°. tome II, page 173.

Dapper appelle la fourmi de bois *acolalan*, et dit qu'elle devient aussi grosse que le pouce, et qu'alors elle s'envole. *Description de l'Afrique*, in-folio, page 459.

même insecte, que par ceux qui l'ont vu dans le même nid; et ceux-là même, pour la plupart, n'en ont pas voulu croire l'évidence de leurs sens. Je fus long-tems du nombre des incrédules, et ce ne fut qu'après les avoir trouvés moi-même dans les nids, que je fus convaincu que les insectes ailés appartiennent à la même famille. (Pl. IV, fig. 1.) On peut cependant ouvrir vingt nids sans en trouver un seul : on ne les y voit qu'immédiatement avant le commencement de la saison pluvieuse; c'est à cette époque qu'ils subissent la dernière métamorphose, préparatoire à leur émigration. Ajoutez à cela qu'ils abandonnent quelquefois une partie intérieure de leur bâtiment, lorsque la communauté est diminuée par quelque accident que j'ignore. Quelquefois aussi différentes espèces de fourmis réelles s'emparent de vive force d'un de ces nids; et c'est ce qui arrive souvent à ceux de la plus petite espèce, qui, totalement abandonnés par les termites, sont alors habités par des fourmis, des *cockroaches*, des scolopendres, des scorpions et autres reptiles amateurs des retraites obscures; tous occupent des quartiers séparés de ces spacieux logemens. Voilà comment il peut arriver que dans la nouvelle Hollande on ait trouvé des fourmis réelles dans des nids de termites.

L'insecte ailé a aussi changé de grosseur; son corps porte alors entre sept et huit lignes de longueur, et les ailes environ deux pouces et demi d'une extrémité à l'autre. Ils sont égaux en poids à trente travailleurs environ, ou à deux soldats. Ils ont deux grands yeux, placés sur chaque côté de la tête, et très-saillans. Cet organe, s'il existe dans les deux premiers états, n'est point apparent. Il leur seroit d'ailleurs peu nécessaire; car vivant comme les taupes, perpétuellement sous terre, les travailleurs et soldats ont peu d'occasions de faire usage de la vue; mais c'est autre chose lorsqu'ils arrivent à l'état ailé; il leur faut alors parcourir l'immense plaine de l'air, et faire la découverte de régions lointaines et inconnues. Sous cette forme, l'animal sort durant ou immédiatement après les premiers *tornados*, qui, lorsque la saison de la sécheresse est à sa fin, amènent les pluies; l'insecte attend rarement la seconde ou la troisième ondée, si la première arrive dans la nuit et laisse après elle beaucoup d'humidité. (*).

Le lendemain matin toute la surface de la terre, mais sur-tout celle des eaux, en sont couvertes. Car leurs ailes ne sont faites que pour les porter quelques heures, et après le lever du soleil, on n'en trouve guère qui les aient toutes conservées, à moins que la matinée ne continue d'être pluvieuse. On les voit çà et là épars et isolés, voltiger d'une place à l'autre. Une seule inquiétude semble les agiter ; ils paroissent n'avoir qu'une affaire, c'est d'éviter leurs nombreux ennemis, sur-tout une certaine espèce de fourmis qui, sur chaque arbrisseau, sur chaque feuille, dans tous les lieux de l'univers, donnent la chasse à cette race infortunée, dont il est probable que, sur plusieurs millions, il ne sera pas donné à un seul couple de trouver un lieu de

---

(*) « Le soir j'allai voir M. Harrison à bord. Comme
« j'étois là, il s'éleva un ouragan terrible, pendant lequel
« nous fûmes assaillis par des nuées d'une espèce de mouches
« fort grosses, et portant de longues ailes. Elles voloient
« dans la flamme des chandelles ; leurs ailes s'y brûloient,
« et ces insectes retomboient sur la table, qui en fut bientôt
« couverte : celles qui ne se brûlèrent point, ne laissoient
« pas de perdre leurs ailes en voltigeant le long de la table,
« et n'étoient plus après que de véritables vers blancs. » Le 10 juin 1732. Moor's Travels, page 118.

sureté, d'accomplir la première loi de la nature, et de poser les fondemens d'une nouvelle république.

Non seulement les fourmis de toute espèce, les oiseaux, les reptiles carnivores, et tous les insectes en sont les chasseurs avides; les habitans de plusieurs contrées, et particulièrement ceux de cette partie de l'Afrique où j'étois alors, les mangent (*).

(*) M. Konig, dans son essai sur l'histoire des insectes, lu en présence de la société des naturalistes de Berlin, dit que dans quelques parties des Indes orientales, on fait prendre vivantes, aux vieillards, les reines des termites, pour les fortifier, et que les naturels ont une méthode pour attraper les insectes ailés, qu'ils nomment les femelles, avant le tems de l'émigration. Ils font deux trous au nid, l'un au vent, l'autre sous le vent. A l'ouverture sous le vent, ils adaptent un pot frotté d'une herbe aromatique, appelée dans le pays *bergera*, dont les naturels font plus de cas qu'on ne fait du laurier en Europe. Du côté au vent, ils font un feu avec des matériaux d'une odeur désagréable, qui chasse non seulement les insectes dans les pots, mais quelquefois aussi des serpens à chaperon; aussi prennent-ils beaucoup de précautions en les délogeant. Par cette méthode, ils attrapent beaucoup de termites, dont ils font, avec de la farine, différentes pâtisseries, qu'ils vendent à bon marché au peuple. M. Konig ajoute que dans la saison où cette nourriture est abondante, l'abus qu'on en fait produit une colique épidémique, accompagnée de dysenterie, qui emporte les malades en trois ou quatre heures.

Les Africains sont moins ingénieux à les prendre et à les apprêter. Ils se contentent de ramasser ceux qui, lors de

Cependant

Cependant, au milieu de leur détresse, ils oublient quelquefois le danger; la plupart n'ont plus d'ailes, mais ils courent excessivement vîte, les mâles après les femelles, sans songer alors à leurs ennemis. J'ai quelquefois remarqué deux mâles poursuivant une femelle, et se disputant le prix

leur émigration, tombent dans les eaux voisines. Ils les écument avec des calebasses, en remplissent de grandes chaudières, et les font griller dans des pots de fer, sur un feu doux, en les remuant comme on fait le café. Ils les mangent ainsi sans sauce et sans autre apprêt, et les trouvent délicieux. Ils les portent à leur bouche à pleines mains, comme nous les confitures sèches. J'en ai goûté plusieurs fois d'apprêtés de cette manière, et ils m'ont paru un manger délicat, nourrissant et sain. Ils sont quelquefois plus doux, mais point aussi gras, ni aussi rassasians que le ver palmiste, *curculio palmarum*, qu'on sert sur les meilleures tables des Indes occidentales, et sur-tout sur celles des François, comme le mets le plus délicieux de ces contrées.

Pison, *de Laet*, *Marcgrave*, et d'autres écrivains, disent que les termites sont un aliment ordinaire, et regardé comme sain, dans diverses parties de l'Amérique méridionale.

« *Alia præterea datur grandis species, tama-ioura dicta, digiti*
« *articulum adæquans, quarum etiam clunes dissecantur et fri-*
« *guntur pro bono alimento.* » Pison, hist. nat. lib. I, page 9;
lib. V, 291.

V. Marcgr. hist. nat. 56.

« *Denique formicæ hic visuntur grandissimæ, quas indigenæ*
« *vulgò comedunt, et in foris venales habent.* » De Laet,
Americæ utriusque descriptio, page 333.

» *Formicis vescebantur, easque studiosè ad victum educa-*
« *bant.* » Ibid. page 379.

« *Sir Hans Sloane* dit que le ver du cotonnier est estimé

Tome II. K

avec ardeur (*); mais depuis leur métamorphose ils sont absolument dégénérés. Dès lors, un des plus actifs, des plus industrieux, des plus ardens à la proie, un des plus farouches petits animaux qui soient au monde, est tout-à-coup devenu le plus innocent, le plus poltron de tous les êtres. Incapable de faire résistance aux moindres insectes, on le voit entouré d'un millier de fourmis, d'espèce et de grosseur différentes, qui traînent à leurs nids cette victime annuelle des lois de la nature. Il est étonnant qu'un seul couple échappe à tant de périls et trouve un asile. Quelques-uns cependant ont ce rare bonheur. Ils sont rencontrés par quelques insectes travailleurs

---

« par les Indiens et les Nègres, au dessus de la moëlle ; ce
« n'est qu'un gros ver blanc, le *larve* ou fœtus d'un ceram-
« bix assez grand (le *lamia tribulus* de Frabicius), qu'on
« apporte aussi d'Afrique, où j'ai mangé de ces vers rôtis. On
« trouve probablement cet insecte dans tous les pays où le
« cotonnier (bombax) est indigène, (*Sloane's Jamaica*,
« vol. II, page 193.

J'ai conversé avec plusieurs voyageurs sur le goût des fourmis blanches ; et en comparant nos notes, nous étions tous d'accord qu'elles sont un manger très-délicat et bon. Un d'eux les compare à de la moëlle sucrée ; un autre, à de la crème sucrée et à une pâte d'amandes douces.

(*) Ligon les a observés, sans savoir qui étoient ces insectes. *Ligon's Barbadoes*, page 63.

qui courent continuellement près de la surface de la terre sous leurs galeries couvertes, et alors ils sont *élus* rois et reines de nouveaux états. Tous ceux qui ne sont pas ainsi conservés, périssent infailliblement, et sans doute dans l'espace d'un jour.

La manière dont les travailleurs protègent le couple heureux contre leurs redoutables ennemis, non seulement au jour du massacre de presque toute leur race, mais encore long-tems après, doit justifier le terme d'*élection* que j'ai employé. Ils les enferment aussitôt dans une petite chambre d'argile, proportionnée à leur grandeur, à laquelle ils ne laissent d'abord qu'une très-petite entrée, qui ne peut donner passage qu'aux travailleurs et aux soldats; et quand la nécessité les force à ouvrir des portes nouvelles, elles ne sont jamais plus larges. Ainsi ces sujets volontaires s'imposent l'obligation de pourvoir aux besoins de leurs souverains, et à ceux de leur nombreuse lignée, de même que celle de les défendre jusqu'à ce qu'ils aient produit une famille capable de partager au moins la tâche avec eux.

Ce n'est qu'alors probablement qu'ils consomment leur mariage; car je n'ai jamais

K ij

vu deux de ces insectes en copulation. Bientôt commence la grande affaire de la propagation ; et bientôt les travailleurs, après avoir construit une petite *nourricerie* de bois, telle que je l'ai d'écrite, y portent les œufs et s'empressent de les y loger aussi promptement qu'ils peuvent les obtenir de la reine.

A peu près à cette époque, il commence à se faire, dans l'individu de celle-ci, un changement fort extraordinaire et dont je ne connois d'exemple que dans la *chique*, (*pulex penetrans* de Linné), et dans différentes espèces de *coccus*, ou cochenilles. L'abdomen de cette femelle commence à s'étendre par degrés, et à s'élargir à une si énorme grosseur, que dans une vieille reine il sera quinze cents fois ou deux mille fois plus volumineux que le reste de son corps, et égalera en pesanteur vingt ou trente mille fois un laboureur, comme je m'en suis convaincu en comparant soigneusement, et pesant leurs masses dans leurs différent états. (Pl. IV. fig. 3.) La peau entre les segmens de l'abdomen, s'étend dans toutes les directions ; et à la fin, ces segmens sont reculés d'un demi-pouce les uns des autres, quoique d'abord la longueur de l'abdomen entier ne fût pas d'un demi-pouce. Ces segmens conservent leur couleur brunâtre, et la partie supérieure de l'abdomen est marquée tout le long de barres brunes, transversales, régulièrement placées. Les intervalles qui sont entre elles sont couvertes d'une peau délicate, transparente, de la couleur de la crême fine, un peu obscurcie par la couleur noire des intestins et par un fluide aqueux qu'on apperçoit çà et là au dessous. Lorsque l'abdomen a atteint la longueur de trois pouces, je conjecture que l'animal doit être âgé de plus de deux ans. J'en ai quelquefois trouvé qui avoient presque deux fois cette mesure. L'abdomen est alors d'une forme oblongue et irrégulière, étant contracté par les muscles de chaque segment, et il devient une vaste matrice remplie d'œufs, qui font de longues circonvolutions à travers une quantité innombrable de petits vaisseaux dont ils sont entourés. Un anatomiste qui voudroit les disséquer et développer, trouveroit un sujet digne d'exercer son industrie. Cette singulière matrice n'est pas plus remarquable par son étonnante grosseur que par son mouvement péristaltique, qui ressemble à l'ondulation des flots, et continue sans cesse, sans effort apparent de l'animal ; ensorte qu'une partie ou l'autre est toujours se levant ou s'abaissant dans une succession continuelle. Elle pousse sans relâche ses œufs au dehors, jusqu'au nombre de soixante dans une minute (*) (j'en ai souvent fait l'expérience sur de vieilles reines), ou quatre-vingt mille et plus dans les vingt-quatre heures.

Le roi, après avoir une fois perdu ses ailes, ne change plus de forme, et ne paroît pas augmenter en grosseur. Il se tient ordinairement caché sous un des côtés du

---

(*) On peut observer dans une reine pleine d'œufs, une séparation le long du dos, et un mouvement continuel d'une extrémité à l'autre, très-semblable à celui qu'on voit dans les vers à soie, (*account of english ants*, par Gould, p. 22).

Je ne puis assurer que les reines donnent une aussi prodigieuse quantité d'œufs dans tous les tems ; mais il sembleroit que la ponte étant l'effet du mouvement péristaltique, est involontaire chez elles, et que le même nombre, ou à-peu-près, doit être indispensable. L'étonnante multitude d'habitans qu'on trouve dans leurs nids, fortifie puissamment cette opinion.

Depuis la publication de cette relation, M. John Hunter, si célèbre par son savoir et son expérience en anatomie comparée, a disséqué deux jeunes reines : il a trouvé que l'abdomen contient deux ovaires, dans chacun desquels sont plusieurs centaines *d'oviductus*, et dans chaque conduit une grande quantité d'œufs. Il a aussi disséqué des rois ; mais on verra le résultat de ces dissections dans un autre écrit, avec de nouvelles particularités.

vaste abdomen de la reine. Il ne paroît pas être le principal objet des soins des autres insectes. (Pl. IV. fig. 2.)

Les œufs sont pris par les travailleurs (dont il y a toujours un nombre suffisant en attente dans la chambre royale et dans les galeries adjacentes), et portés aux *nourriceries*. Là, les petits, lorsqu'ils sont éclos, sont pourvus de tout jusqu'à ce qu'ils soient en état de se tirer d'affaire eux-mêmes, et de prendre part aux travaux de la société.

J'ose me flatter que la description qu'on vient de lire est faite avec soin, ainsi que mes observations sur le termite belliqueux (ou l'espèce qui construit les plus grands nids) dans ses différens états.

Ceux qui bâtissent les tourelles ou les nids dans les arbres, ont dans plusieurs circonstances beaucoup de ressemblance avec les premiers, tant dans leur forme, que dans leur économie. Ils subissent les mêmes changemens depuis l'œuf jusqu'à l'état ailé. Les reines grossissent aussi en comparaison des *travailleurs*; mais beaucoup moins que les reines *belliqueuses*. Les plus grandes ont d'un pouce à un pouce et demi de long, et ne sont guère plus grosses qu'une plume ordinaire. On voit dans leur abdomen le même mouvement peristaltique, mais à un degré beaucoup inférieur ; et comme l'animal est aussi incapable de remuer de sa place, les œufs sont portés par les *travailleurs* aux différentes cellules, et les petits nourris avec soin, comme dans les grands nids.

Il est à remarquer que, dans ces différentes espèces, l'insecte *travailleur* et le *combattant* ne s'exposent jamais en plein air ; ils voyagent sous terre ou dans l'intérieur des arbres et des substances qu'ils détruisent, excepté lorsqu'ils ne peuvent marcher le long de leurs passages souterrains, et qu'ils jugent à propos ou nécessaire de chercher leur butin sur terre ; dans ce cas, ils font de petits conduits de la même matière dont leurs nids sont construits. La plus grande espèce se sert d'argile rouge ; les bâtisseurs de tourelles, de terre noire ; et les termites, des arbres, de substances ligneuses (*). C'est aussi de cet en-

---

(*) « Les petits oiseaux, les volailles, les lézards et « autres reptiles, les recherchent (les termites). Ils sont « pour eux des morceaux délicieux. Ces insectes ont donc « soin de ne sortir que sous l'abri de leurs chemins couverts. » Dutertre, in-4°. tome II, page 345.

« La terre de ces environs étoit toute remplie d'une es-

duit qu'ils doublent la plupart des chemins conduisant de leurs nids dans les différentes parties de la contrée.

S'ils rencontrent un rocher ou quelque autre obstacle, ils prennent leur route

---

« pèce de fourmis blanches, appelée *vag-vague*, différente
« de celle que j'ai décrite ailleurs. Celle-ci, au lieu de faire
« des pyramides, demeure enfoncée sous terre, et n'an-
« nonce jamais sa présence que par de petites galeries cylin-
« driques de la grosseur d'une plume d'oie, qu'elle élève
« contre les différens corps qu'elle a dessein d'attaquer.
« Ces galeries sont faites de terre. Les *vag-vagues* s'en ser-
« vent comme de chemins couverts, pour travailler sans
« être vues; et tout ce qu'elles attaquent, soit cuir, drap,
« linge, livres ou bois, est à coup sûr rongé et consumé. Je
« me serois cru fort heureux, si elles n'avoient attaqué que
« les roseaux de ma hutte: mais elles percèrent un coffre
« posé sur des tréteaux, à la hauteur d'un pied au dessus de
« terre, et mangèrent la plupart de mes livres. » (*Adanson's voyage to Guinea*, 179--337).

Nota. M. Adanson est certainement tombé dans une méprise, en disant qu'elles ne se font jamais connoître que par leurs chemins couverts; et il est le premier homme que j'aie entendu se plaindre d'avoir été attaqué vivant par les fourmis blanches. Je soupçonne, quoique les termites se soient avancés jusqu'à son lit, que les morsures qu'il a reçues étoient de *fourmis réelles*, fort nombreuses en ce pays, dont quelques-unes sont imperceptibles et causent beaucoup de douleur; au lieu que la morsure du termite fait sortir beaucoup de sang, mais ne laisse pas le moindre symptôme de venin. V. *les Antilles de Dutertre*, tome II, page 344; et descript. de l'Afrique, par *Labat*, tome III, page 298.

V. Sloane, Ligon, Linné (*termes fatalis*); Forskal (*termes arda*), et les différens voyages en Afrique et aux deux Indes.

sur la surface, et élèvent ces conduits, que nous nommerons leurs *petites galeries :* ils les prolongent quelquefois fort loin, avec des sinuosités et des ramifications. Ils ont, autant qu'il est possible, la précaution de faire ces petites galeries doubles, l'une au dessus du sol, l'autre souterraine et parallèle à la première : si l'une vient à être détruite par quelque choc, ou qu'ils soient alarmés par le pas des hommes ou des animaux, ils se sauvent dans l'autre. Ces petits animaux, comme on voit, ne plaignent jamais leurs peines pour obtenir leur sûreté.

Si l'on entre dans un petit bois peu fréquenté, couvert de petites galeries, il semble qu'ils donnent l'alarme par des sifflemens aigus, qu'on entend très-distinctement. On peut aussitôt après briser et examiner ces conduits : on n'y trouve plus les insectes ; ils se sont déja sauvés dans leurs souterrains par de petits trous pratiqués exprès.

Les petites galeries sont assez grandes pour qu'ils y puissent passer et repasser sans engorgement, quoiqu'elles soient toujours remplies d'insectes en marche. Elles les garantissent de la lumière, de l'air et de leurs ennemis, dont les plus nombreux, et conséquemment les plus redoutables, sont les vraies fourmis.

Hors la tête, les termites sont extrêmement tendres et couverts d'une peau fine et délicate : comme ils sont aveugles, ils ne peuvent faire face en plein air aux fourmis, qui voient, et qui sont couvertes d'une forte écaille de corne, presque impénétrable. Lorsque les termites sont délogés de leurs petites galeries, les autres fourmis aussi nombreuses sur terre que les autres dessous, tombent sur eux en foule; et, si elles le peuvent, les traînent à leurs nids, pour en nourrir leurs petits (*). Les ter-

---

(*) Sir *Hans Sloane* s'est certainement trompé dans son Mémoire sur les fourmis de bois. Il est contre toute vraisemblance qu'elles aillent dans les nids des fourmis rouges, et qu'elles les tuent. Il est très-probable que l'erreur est provenue de ce que sir Hans a confondu les deux genres d'insectes, *termes* et *formica*, ce qui fait qu'il ne peut jamais en parler avec justesse. L'inverse de son assertion est plus vraisemblable, c'est-à-dire, que les *fourmis* portent leur pillage jusque dans le nid des *termites*, et les détruisent; car ces derniers se tiennent toujours, ou dans leurs nids, ou dans leurs galeries couvertes, évitant toute communication avec les autres insectes et animaux, et ne se mêlant jamais avec eux, même après leur mort; au lieu que la fourmi rôde par-tout, et entre dans toutes les crevasses, dans tous les trous assez grands pour la contenir. Elle attaque non-seulement les insectes et les reptiles, mais aussi de plus grands animaux.

mites doivent donc être et sont extrêmement jaloux de tenir ces chemins couverts en bon état. Si vous démolissez des petites galeries la longueur de quelques pouces, vous serez étonné de voir avec quelle promptitude ils la rebâtiront : dans leur alarme, ils avancent d'abord dans la partie découverte l'espace d'un pouce ou deux ; mais ils s'arrêtent si subitement, qu'il est aisé de voir qu'ils sont surpris : quoique quelques-uns courent en ligne droite et gagnent au plus vîte l'ouverture opposée de la galerie, la plupart retournent sur

---

V. *Sloanès voyage to Jamaica*, tome II, page 221-222, pl. CCXXXVIII, hist. de *l'Académie royale des Sciences*, 1701, page 16, *fourmis de visite*.

Ligon parle d'une autre espèce de fourmis, et décrit les galeries des termites, *Ligon's Barbadoes*, pag. 64, 65.

Merian dit que les fourmis font leurs nids à la hauteur de huit pieds, par où je conçois qu'elle veut parler des nids de *termites* : mais lorsqu'elle décrit les mœurs des insectes, c'est certainement d'une certaine espèce de *fourmis* qu'elle parle. Celles qui dépouillent les arbres sont une espèce appelée à Tobago, fourmis *parasols*, parce qu'elles découpent dans les feuilles de certains arbres et des plantes, des pièces presque circulaires, et qu'on les voit toute l'année voyageant depuis les plantes qui sont sur leur chemin jusqu'à leurs nids, tenant chacune à leur mâchoire une de ces pièces circulaires, qui, par leur forme et leur couleur, représentent assez bien un groupe de monde se promenant avec des parasols (*umbrellas*). *Merian*, *insectes de Surinam*, page 18.

leurs pas ; dans quelques minutes vous les verrez rebâtissant et réparant la brèche, et dès le lendemain matin, ils en auront reconstruit la longueur de dix ou douze pieds. Si vous la rompez une seconde fois, vous trouverez dans les deux conduits la même quantité d'insectes. Si vous continuez à la détruire plusieurs fois, ils paroissent à la fin vous abandonner la place, et ils en bâtiront une autre dans une direction différente ; mais si l'ancienne conduit à quelque butin favori, peu de jours après ils la rebâtiront encore, et à moins qu'on ne détruise leur nid, ils n'abandonneront jamais tout-à-fait leur petite galerie.

Les termites des arbres, posent aussi quelquefois leurs nids sur les toits ou sur quelque autre partie de la maison, et y font de grands dégâts ; mais la plus grande espèce est la plus destructive, et celle dont il est le plus difficile de se garantir. Ils s'avancent sous terre, descendent sous les fondemens des maisons et des magasins ; delà ils remontent jusqu'à l'aire, ou pénètrent dans les poteaux qui forment les côtés des bâtimens : ils les percent d'un bout à l'autre, en suivant le fil du bois ou faisant des perforations latérales et des cavités çà et là, à mesure qu'il avancent.

Tandis que quelques-uns sont ainsi employés à vider les poteaux, d'autres creusent droit, montent tout le long, et entrent dans une solive ou dans quelque partie du toit : s'ils peuvent une fois atteindre le chaume, qui paroît être un de leurs vivres favoris, ils y portent bientôt leur argile liquide, et y bâtissent leurs petites galeries, dirigées en tous sens, suivant l'étendue du toit : alors ils mangent les feuilles et branches de palmier qu'on emploie dans ce pays au lieu de chaume, et peut-être aussi (car ils paroissent aimer beaucoup la variété) le rotin (*), ou autres plantes pliantes, qui servent, comme des cordes, à lier le toit aux poteaux qui le soutiennent. Ainsi, avec l'assistance des rats qui, dans la saison pluvieuse, ont coutume de s'y mettre à couvert et d'y percer des lucarnes, ils sauront ruiner en fort peu de tems une maison de fond en comble ; les poteaux seront perforés dans toutes les directions, comme le bois de charpente du fond des vaisseaux, auquel les vers se sont mis ; les parties noueuses étant les

---

(*) Le rotin ou ratan, roseau des Indes, que l'on fend pour en faire des meubles de canne.

plus dures, sont toujours gardées pour les dernières (*).

(*) Les vers de mer, si pernicieux à nos vaisseaux, paroissent chargés dans les eaux du même office que les termites ont sur terre. Avec un peu d'examen, on verra qu'ils sont des êtres de la plus grande importance dans la chaîne de la création, et des exemples frappans de cette puissance infiniment sage et bienfaisante, qui forma et qui conserve l'univers dans sa beauté et dans un ordre si merveilleux. Sans la rapacité de ces animaux et d'autres semblables, les rivières du tropique, et l'océan même, seroient engorgés par l'énorme quantité d'arbres déracinés, portés chaque année par les torrens, et dont plusieurs subsisteroient des siècles entiers et produiroient immanquablement, des maux dont, grace à l'heureuse harmonie de notre univers, nous ne pouvons nous former une idée. Tous ces grands corps, consumés par les insectes, sont plus aisément brisés par les vagues, et leurs débris, devenus plus légers, sont plus promptement et plus aisément jetés sur le rivage, où le soleil, le vent, d'autres insectes et divers autres agens, achèvent promptement leur dissolution, et rendent les molécules, dont ils étoient formés, « à cette main puissante qui, toujours agis-
« sante, roule les sphères en silence, travaille invisible dans le
« secret abyme ; et delà se manifestant, répand cette bril-
« lante profusion des trésors du printems, darde du soleil le
« jour enflammé, nourrit toutes les créatures, et lance la
« tempête dans les airs; cette main qui, au moment où cette
« agréable révolution s'opère sur la terre, émeut et anime
« toutes les sources de la vie. » [THOMSON.]

On ne peut douter de la propriété qu'ont certains bois de se conserver plusieurs siècles dans l'eau, lorsqu'on voit dans le museum de sir *Ashton Lever*, un des pieux de chêne chassés dans la Tamise au tems que Jules César envahit la grande Bretagne, et qu'on trouve journellement dans les

En faisant cette opération, ils voient, je ne prétends pas assigner comment, que le poteau a un poids à soutenir ; alors, si le chemin leur convient, ou que le bois du poteau leur soit agréable, ils y portent leur mortier, et en remplissent toutes ou la plupart des cavités, laissant libres les routes qui leur sont nécessaires pour parvenir au toit. Ce mélange du ciment et du bois forme un corps si compacte, que dans la suite lorsqu'on démolit la maison, et qu'on examine si quelqu'un des poteaux peut encore servir, on les trouve souvent réduits à une mince écorce extérieure, et tout le reste métamorphosé en une pétrification aussi solide que les pierres de taille dont on bâtit en Angleterre. La même chose arrive, lorsque les termites belliqueux, pénètrent dans une malle ou coffre contenant des habits et autres effets. Si la partie supérieure est pesante, ou qu'ils craignent les fourmis ou d'autres ennemis, ils pratiqueront avec le tems leurs conduits tout au travers, rempliront une grande

---

marais d'Angleterre et d'Irlande, des troncs d'arbres qui, restés dans l'eau, les pieux depuis dix-huit cents ans, les arbres depuis plus de deux mille ans, se sont parfaitement conservés.

partie

partie des vides avec leur mortier, et dirigeront leurs galeries dans tous les sens.

Les termites des arbres, lorsqu'ils entrent dans un coffre, y font assez souvent leur nid, et une fois qu'ils s'en sont emparés, ils le dévastent à loisir. C'est ce qu'ils ont fait à la boîte pyramidale qui contenoit mon microscope : elle étoit d'acajou, et je l'avois laissée pendant quelques mois dans le magasin de M. Campbell, gouverneur de Tobago, tandis que je faisois un voyage aux îles du vent. A mon retour, je trouvai que ces insectes avoient fait beaucoup de dégât dans le magasin, et entre autres choses, qu'ils avoient pris possession du microscope : excepté le verre et le métal, ils avoient tout mangé, les bords du microscope, la table sur laquelle le piédestal étoit fixé, les tiroirs au dessous, et tout ce qu'ils renfermoient. Les cellules étoient bâties tout autour du piédestal et du tube, auquel elles étoient attachées de chaque côté. Tous les verres, qui avoient été couverts de la matière dont ils forment leurs nids, demeurèrent empreints d'une crasse gommeuse, que j'eus beaucoup de peine à nettoyer; et le vernis qui couvroit les parties de cuivre, fut totalement enlevé. Un autre essaim avoit pris goût aux cerceaux d'une pièce de vieux vin de Madère, et l'avoit fait écouler presque toute entière. Si ceux d'Afrique (les termites belliqueux) avoient été aussi long-tems tranquilles possesseurs d'un semblable magasin, il ne fût pas resté du bâtiment, et de tout ce qu'il contenoit, vingt livres pesant de bois (*).

Ces insectes ne sont pas moins expéditifs à détruire les tablettes, lambris et autres boiseries d'une maison, que la maison même. Ils aiment de prédilection le pin et le sapin; ils en creusent les planches et

---

(*) M. Philipp, capitaine de vaisseau, qui a été quelque tems dans le Brésil au service du Portugal, m'a donné l'anecdote suivante. Un ingénieur revenant de lever des plans du pays, laissa sa malle sur une table. Le lendemain matin ses habits et tous ses papiers étoient détruits par les *fourmis blanches*, ou *coupeurs*, les papiers sur-tout, dont il ne subsistoit plus un seul morceau de la grandeur d'un pouce en quarré. Les crayons étoient si complétement détruits, qu'il n'en put retrouver le plus léger fragment, même de la mine de plomb. Les habits n'étoient pas totalement coupés en pièces, mais ils étoient comme une étoffe rongée par les teignes, et l'on pouvoit à peine y trouver un morceau de la largeur d'une pièce de vingt-quatre sous, qui ne fût pas criblé de petits trous. Des pièces d'argent qui se trouvoient dans la malle, furent marquées de petites taches noires, produites par une matière si corrosive, qu'on avoit beaucoup de peine à les enlever avec le sable. *Queen's Square*, le mercredi, 17 janvier 1781.

enlèvent le bois avec une diligence et une industrie merveilleuses. A moins qu'il n'y ait sur la table un livre ou quelque autre objet qui puisse les tenter; ils ne perceront la surface dans aucun endroit; ils mangeront tout l'intérieur, à la réserve de quelques fibres qui tiendront encore les deux côtés unis ensemble; ensorte qu'une planche épaisse d'un pouce, qui paroît solide à l'œil, n'a pas plus de poids que deux feuilles de carton d'égale grandeur, lorsque ces animaux en ont été quelque tems en possession (*). Ils commenceront à élever leurs ouvrages, dans les maisons neuves sur-tout, à travers l'aire ou plancher (**) qui souvent est fait d'argile prise de leurs monticules mêmes. Si l'on détruit l'ouvrage, et qu'on fasse du feu à l'endroit où ils se

---

(*) Les fourmis blanches mordent si vivement, que dans l'espace d'une seule nuit, elles auront, en rongeant, fait leur chemin au travers d'un coffre de bois très-épais, et l'auront criblé de trous, comme s'il eût été percé de plusieurs coups de fusil à plomb. *Bosman's Guinea*, page 276, 7. 493.

Voy. *Moore's Travels*, page 221; voyage de Labat aux îles, tome II, page 331; *Hughe's Barbadves*, page 93.

(**) Les planchers sont en général faits de pierre ou d'argile prise des monticules élevés par ces insectes, qu'on détrempe avec de l'eau, qu'on pétrit, et qui est ensuite battue avec une espèce de battoir, jusqu'à ce qu'elle soit devenue unie, douce et compacte.

montrent, la nuit suivante ils le recommenceront d'un autre côté; et s'il arrive qu'ils puissent de bonne heure dans la nuit, se faire jour sous un coffre, ils auront percé le fond, détruit et spolié tout ce qu'il contient, avant le lendemain matin (*). En conséquence, nous étions fort soigneux de placer tous nos coffres et malles sur des pierres ou briques, et de les tenir ainsi élevés de quelques pouces au dessus de terre : précaution nécessaire, pour empêcher les insectes de les trouver aussi promptement, et pour garantir le fond d'une humidité corrosive qui vient de la terre, et d'une foule d'autres insectes et reptiles mal-faisans, tels que des bêtes à cent pieds, bêtes à mille pieds, scorpions, fourmis, etc. qui pourroient aussi s'y nicher.

Quand les termites veulent attaquer les arbres et les branches en plein air, ils ont diverses manières de le faire. Si un poteau dans une haie n'a pas pris racine

---

(*) Une nuit ils percèrent en peu d'heures un pied de la table, et étant montés de cette manière, ils conduisirent leurs arcades à travers la table, et delà descendirent par le milieu de l'autre pied jusqu'au plancher, heureusement sans faire aucun dommage aux papiers qu'on y avoit laissés. Kempfer, hist. du Japon, vol. II, page 127.

et végété, on peut s'en rapporter à eux du soin de le détruire : s'il a une écorce saine, ils entreront par le pied, mangeront tout, excepté l'écorce, et le poteau n'en aura pas l'air moins solide. Il arrive aussi qu'un essaim vagabond de fourmis ou d'autres insectes s'y réfugie jusqu'à ce que les vents dispersent le poteau. Mais si les termites ne se fient point à l'écorce, ils commencent par enduire de leur mortier le poteau entier, qui a l'air d'avoir été trempé dans une boue épaisse et que le soleil a séchée. Alors ils travaillent sous ce couvert, et ne laissent souvent que l'enveloppe, ensorte qu'un pieu gros comme le bras, long de cinq ou six pieds, et solide en apparence, si vous venez à le toucher légèrement de votre canne, perd à l'instant sa forme, disparoît comme une ombre, et tombe en poussière à vos pieds. Ils pénètrent souvent dans de gros troncs d'arbre que le tems ou la hache auront abattus : ils y entrent par le côté qui touche la terre, rongent et emportent à leur loisir tout, excepté l'écorce, sans s'embarrasser de le couvrir de leur mortier ou de remplacer le bois qu'ils en ont ôté, sentant, je ne sais comment, qu'il est inutile de

L iij

prendre cette peine. Ces troncs creusés m'ont trompé deux ou trois fois dans mes excursions. Il m'est arrivé une fois d'en escalader un, à la hauteur de deux ou trois pieds : il eût été tout aussi sage à moi, de chercher à monter sur un nuage : à l'instant où j'y pensois le moins, je me sentis descendre avec une si grande violence, qu'outre la secousse qui me froissa les dents, et me disloqua les os; je fus précipité la tête la première au milieu des arbres et des buissons voisins. Quelquefois, quoique rarement, les insectes attaquent des arbres vivans; mais jamais, au moins je le présume, avant qu'il ne paroisse aux racines quelques symptômes de corruption, puisqu'il est évident que l'objet principal que ces animaux ont à remplir dans la nature, est de hâter la dissolution des arbres et vegétaux, qui, arrivés à leur dernier point de maturité, ne pourroient qu'embarrasser la surface de la terre par une longue et stérile décadence. Ils remplissent si parfaitement cette vue, que rien de périssable ne leur échappe, et il est presque impossible de rien laisser sur la terre de pénétrable, qui y soit en sureté : placez le où vous voudrez, ils sauront le découvrir avant le lendemain, et sa destruction, ordinairement, ne tarde pas à suivre. Ainsi les forêts ne restent jamais long-tems embarrassées des arbres tombés, branches et troncs ; et par là, comme je l'ai observé, la destruction totale des villes abandonnées, est si complétement opérée, que dans deux ou trois années, un bois épais les a remplacés, et, à moins qu'on n'ait employé des poteaux de bois de fer, on ne trouvera pas le moindre vestige d'une maison.

Le premier objet d'admiration dont on est frappé à l'ouverture d'un de leurs nids, est la conduite des soldats. Si vous faites une brèche dans une des parties les plus minces du monticule, et que vous la fassiez brusquement avec une forte pioche, dans l'espace de deux ou trois secondes un soldat paroît, et rôde autour de la brèche, comme pour voir où est allé l'ennemi, et examiner quelle est la cause de l'attaque : il rentre quelquefois, comme pour donner l'allarme ; mais le plus souvent il est suivi, peu de tems après, par deux ou trois autres, courant le plus vîte qu'ils peuvent l'un après l'autre, et en désordre. Ceux-ci sont bientôt suivis par une troupe nombreuse de soldats, qui sortent aussi promptement que l'ouverture le permet, et s'avancent de même, leur nombre croissant toujours, tant qu'on continue à battre leur édifice (*). Il n'est pas aisé de décrire la furie qu'ils montrent. Dans leur précipitation, ils manquent souvent leur prise, et roulent le long des côtés du dôme; mais ils se remettent aussitôt. Comme ils sont aveugles, ils mordent tout ce qu'ils rencontrent, et font un craquement bruyant, tandis que les autres, en frappant à coups redoublés sur le bâtiment avec leurs tenailles ou forceps, font une petite vibration un peu plus perçante et plus vive que le tic tac d'une montre. Je pouvois distinguer ce bruit à la distance de trois ou quatre pieds, et il duroit l'espace d'une minute consécutive, avec de courts intervalles. Tant

---

(*) Ils élèvent de petits monticules de sept à huit pieds de haut, si remplis de trous, qu'ils ressemblent plutôt aux rayons des abeilles qu'à des gîtes souterrains. Ces nids de fourmis sont d'une très-petite circonférence, en proportion de leur hauteur, et si aigus au sommet, qu'à les voir on croiroit qu'un souffle peut les renverser. Un jour j'essayai de faire sauter un de ces sommets avec ma canne, mais le coup n'eut d'autre effet que de faire sortir quelques milliers de ces animaux, pour voir de quoi il étoit question; et je pris mes jambes à mon cou, et je m'enfuis en diligence. *Smith's voyage to Guinea.*

que l'attaque continue, ils sont dans la plus violente agitation. Si l'un d'eux peut s'attacher à quelque partie du corps d'un homme, il fait sortir en un instant assez de sang, pour balancer le poids de son corps entier; et si c'est la jambe qu'il a blessée, vous en verrez sur votre bas une tache d'un pouce de large. Ils accrochent profondément leurs mâchoires dès le premier coup, et jamais ne lâchent prise; ils se laissent arracher une jambe après l'autre, et tout le corps, morceau à morceau, sans faire la moindre tentative pour se sauver : mais éloignez-vous, et laissez-les agir sans les interrompre, en moins d'une demi-heure, ils seront retirés dans le nid, comme s'ils supposoient que le monstre merveilleux qui a endommagé leur château, est parti, et maintenant hors de leur atteinte. Avant que toute la troupe soit rentrée, vous verrez alors les travailleurs en mouvement, et arrivant en foule de différens côtés vers la brèche, ayant chacun dans leur bouche, un fardeau de mortier promptement apprêté : ils l'appliquent avec tant de célérité sur les côtés de la brèche, et avec un ordre si précis et si facile, que jamais ils ne s'arrêtent, ni ne s'embarrassent l'un l'autre ; et vous êtes agréablement surpris, lorsqu'après une scène, en apparence, de trouble et de confusion, vous voyez un nouveau mur s'élever, et l'ouverture se remplir insensiblement.

Tandis qu'ils travaillent ainsi, presque tous les soldats sont rentrés dans le nid, excepté un petit nombre qu'on voit çà et là, errans et dispersés, un, entre six cents ou mille travailleurs; mais jamais ils ne touchent le mortier ni pour l'élever, ni pour le porter.

Un d'eux paroît être particulièrement chargé de conduire les travaux. Il est placé tout auprès du mur qu'ils construisent. Ce soldat semble veiller. Il se retourne tranquillement de tous les côtés. Il lève la tête, par intervalles d'une minute ou deux, et avec ses pinces il bat sur le dôme et fait la même vibration dont j'ai parlé. Ce bruit est immédiatement suivi d'un sifflement perçant qui sort de l'intérieur du dôme, de toutes les cavernes et galeries souterraines, et qui paroît être la réponse de tous les travailleurs; il est du moins certain qu'à chaque signal vous les voyez se hâter, doubler le pas, et travailler avec encore plus d'activité.

Comme les expériences les plus intéressantes, si elles sont trop répétées ou continuées trop long-tems, lassent à la fin et rassasient l'attention, une nouvelle attaque sur le monticule change à l'instant la scène, et satisfait encore plus la curiosité. A chaque coup, vous entendez un sifflement général, les travailleurs rentrent aussitôt dans leur édifice avec tant de vîtesse, qu'ils semblent s'évanouir tout-à-coup, et dans l'espace de quelques secondes tout est disparu; mais aussi les soldats sont revenus, nombreux et respirant la vengeance (*). S'ils ne trouvent point d'ennemi, ils rentrent, et les travailleurs reparoissent comme auparavant. On peut ainsi se donner autant de fois qu'on le desire, le plaisir de les voir alternativement combattre ou travailler, et l'on trouvera toujours que, quelque urgente que soit la circonstance, l'ordre qui travaille n'entreprendra jamais

---

(*) Il paroît que les soldats ne se retirent de la vue que pour laisser de la place aux travailleurs. En cela ils montrent beaucoup plus de bon sens que le gros de l'espèce humaine; car dans un incendie, le nombre de gens qui s'assemblent pour regarder, surpasse de beaucoup le nombre de ceux qui viennent pour secourir; et il arrive rarement, sur-tout dans les grandes villes, une émeute ou une rixe dangereuse, dans lesquelles le bas peuple, les femmes et les enfans, ne soient pas tentés de se mêler.

de combattre, ni celui qui combat, de travailler.

Nous eûmes de grands obstacles à surmonter pour pouvoir examiner l'intérieur de ces monticules. D'abord les appartemens qui entourent la chambre royale, les *nourriceries*, etc. sont humides, et conséquemment l'argile est molle et fort fragile; ces parties ont aussi entre elles une si étroite connexion, une sorte d'emboîtement si exact, qu'on ne peut abattre une seule arcade sans en faire tomber deux ou trois autres. Ajoutez à cela l'obstination des soldats, qui résistent jusqu'à l'extrémité, et qui disputent opiniâtrément chaque pouce de terrain. Les nègres, qui sont sans souliers, sont forcés de fuir, et les blancs n'échappent qu'avec les jambes ensanglantées. On ne peut laisser subsister debout l'édifice, de manière à se procurer une vue complète des parties intérieures; car, tandis que les soldats défendent les dehors, les travailleurs barricadent tous les chemins, ferment tous les passages qui conduisent aux divers appartemens, sur-tout à la chambre royale. Ils en remplissent les avenues avec tant d'art qu'on ne peut la distinguer, tant que la moiteur subsiste; elle n'a l'air que d'une masse informe d'argile (*) : on la reconnoît cependant facilement d'après sa situation par rapport aux autres parties de l'édifice, et par la foule de travailleurs et de soldats qui l'environnent et montrent leur inaltérable loyauté, en mourant sous ses murs. La chambre royale, dans un grand nid, est assez spacieuse pour contenir, outre le couple royal, plusieurs mille serviteurs, et elle en est toujours aussi remplie qu'elle peut l'être. Ces fidèles sujets n'abandonnent jamais leurs offices, même dans la dernière détresse; car toutes les fois qu'il m'est arrivé d'enlever du nid la chambre royale, et de la conserver, ce que j'ai fait souvent, pendant quelque tems dans un bocal de verre, voici ce que j'ai remarqué ; les insectes continuoient de tourner en courant avec une extrême sollicitude, autour du

---

(*) La figure 4, pl. II, a été dessinée sur une chambre royale que j'ai apportée avec moi en Angleterre. Les petites portes avoient été toutes bouchées avant que je fusse parvenu au centre du monticule. Je les ai ouvertes depuis : j'en ai cependant laissé exprès une fermée, celle qu'on voit près de la brèche A, marquée d'une croix. J'ai aussi divers échantillons de chambres royales, et des bâtimens intérieurs, où l'on voit différentes galeries et passages qui ont été fermés tandis que nous étions à attaquer le nid.

couple royal, suivant toujours la même direction. Il m'a paru que quelques-uns s'arrêtoient à chaque tour près de la tête de la reine, comme pour lui donner quelque chose à manger. Quand ils venoient à l'extrémité de l'abdomen, ils en enlevoient les œufs, et les mettoient en pile dans quelque partie de la chambre, ou dans le bocal, derrière ou sous quelque morceau d'argile qui leur convenoit le mieux.

Quelques-unes de ces malheureuses petites créatures rôdoient hors de la chambre, comme pour reconnoître la cause de cette ruine horrible de leur magnifique bâtiment; après plusieurs tentatives inutiles pour sortir du bocal, elles alloient rejoindre leurs compagnons, et continuoient ensemble de tourner jusqu'à la fin, autour de leurs communs parens. (Pl. II. fig. 4. B.) D'autres se plaçant le long de ses côtés s'attachoient à la vaste matrice de la reine, et avec leurs mâchoires la tiroient de toute leur force, tâchant visiblement de la soulever; mais n'ayant jamais vu aucun effet produit par ces tentatives, je ne puis déterminer si leur but étoit de remuer son corps, ou de la stimuler à se mouvoir elle-même, ou s'ils avoient quelque autre intention. Après

AU CAP DE BONNE-ESPÉRANCE. 175

beaucoup d'efforts inutiles, ils abandonnoient leur projet et recommençoient à circuler avec les autres.

Pendant ce tems quelques autres insectes rongent l'argile des parties extérieures de la chambre ou de quelques morceaux brisés de l'édifice, et l'humectant de leurs propres sucs, commencent à en former une coquille mince, en forme d'arcade, au dessus de leur reine, comme pour la garantir de l'air, ou pour empêcher qu'elle ne soit vue de quelque ennemi. S'ils ne sont pas interrompus, ils parviendront à la couvrir toute entière avant le lendemain matin, ayant soin de menager en dedans assez de place pour ceux qui doivent courir autour d'elle.

Le roi est petit, en comparaison de la femelle, et il se tient, comme je l'ai déja dit, placé sous quelque coin de son abdomen. Il s'approche quelquefois de sa tête, mais plus rarement que les autres.

Si, en attaquant le monticule, on ne touche pas à la chambre royale, et qu'en abattant seulement environ la moitié de l'édifice, on laisse à jour quelques milliers de galeries et de logemens, tout sera refermé par de légères couches d'argile avant le lendemain matin. Si l'on renverse l'édifice tout entier, et que les différens bâtimens ne forment plus qu'un amas confus de ruines, pourvu que le roi et la reine ne soient pas tués ou délogés, chaque interstice entre les décombres sera refermé en peu de tems; et si on laisse ces animaux travailler sans trouble, en moins d'un an ils auront rebâti l'édifice entier sur ses premières dimensions.

Une autre espèce de *termites*, ou peut-être de fourmis, sur lesquelles les Nègres n'ont pu me donner aucune lumière, mais que j'appelle *termes viarum*, m'a offert un jour une curiosité intéressante et dont malheureusement, je n'ai pu jouir qu'en passant. Ce fut le hasard qui me procura cet amusement. Après avoir fait une course avec mon fusil, le long de la rivière *Camerankoes*, je repassois une forêt fort épaisse, et marchois en silence, dans l'espérance de trouver quelque gibier, lorsque j'entendis tout-à-coup un sifflement perçant, que je crus être celui d'un serpent, et dont je fus d'abord alarmé. Au premier pas que je fis, nouveau sifflement, dont je reconnus bientôt la cause; mais je fus surpris de ne voir autour de moi, ni petites galeries, ni monticules. Je me détournai de quelques pas du sentier, en avançant du côté d'où partoit le bruit,

bruit, et je vis une armée de termites, sortant d'un trou sous terre, qui n'avoit guère que quatre ou cinq pouces de large. Ils sortoient en très-grand nombre et avançoient, à ce qu'il paroissoit, le plus promptement qu'il leur étoit possible. Après avoir ainsi parcouru un peu moins de trois pieds, ils se partageoient en deux colonnes, composées principalement d'insectes du premier ordre, douze ou quinze de front, serrés l'un contre l'autre, allant droit en avant, sans s'écarter ni à droite ni à gauche. Au milieu de la troupe, on voyoit d'espace en espace un des soldats marchant péniblement avec eux sur la même direction, et sans s'arrêter ni se détourner; et comme il paroissoit fatigué de porter son énorme tête, il me rappela l'idée d'un bœuf gras et lourd, au milieu d'un troupeau de moutons. Tandis que le gros de la troupe marchoit avec ardeur, on voyoit une quantité de soldats épars de chaque côté des deux files, à un ou deux pieds de distance, tantôt s'arrêtant, tantôt errant autour, comme s'ils eussent été à la découverte, dans la crainte que quelque ennemi ne vînt fondre à l'improviste sur les travailleurs. Mais l'objet le plus extraordinaire de cette marche

Tome II. M

étoit la conduite de quelques autres soldats, qui, ayant monté sur les plantes clair-semées dans l'épaisseur de la forêt, s'étoient placés sur la pointe des feuilles à une élévation de dix ou quinze pouces au dessus de terre, et dominoient l'armée marchant au dessous d'eux. De tems en tems, l'un ou l'autre, battant la feuille de ses pinces, faisoit ce *tictac*, que j'ai si souvent vu faire au soldat inspecteur ou surintendant des termites belliqueux. Ce tictac produisoit dans la marche de ceux-ci un effet pareil; car à chaque signal toute l'armée répondoit par un sifflement, et obéissoit en hâtant le pas. Les soldats qui étoient ainsi montés et qui donnoient ces signaux, restoient tout-à-fait tranquilles dans les intervalles, excepté qu'ils faisoient de tems à autre un léger tour de tête, et paroissoient aussi soigneux de garder leurs postes que les sentinelles d'une armée. Les deux colonnes se réunissoient environ à douze ou quinze pas de leur séparation, sans s'être jamais écartées l'une de l'autre de plus de neuf pieds ; ensuite ils descendoient tous dans la terre par deux ou trois trous. Ils marchèrent ainsi sous mes yeux pendant plus d'une heure que je restai là à les admirer, sans que leur nombre parût grossir ni diminuer, excepté que les soldats quittoient la ligne de la marche pour se placer à différentes distances de chaque côté des deux colonnes; car ils me parurent beaucoup plus nombreux au moment où je quittai la place. Ne m'attendant plus à voir aucun changement dans leur marche, et étant pressé par l'heure de la pleine mer, où nous devions nous rembarquer, je quittai la scène avec quelque regret, dans l'idée qu'une observation d'un jour ou deux de plus auroit pu me conduire à découvrir la raison et la nécessité de cette marche expéditive, et aussi à déterrer leur principal établissement, qui probablement est bâti de la même manière que les vastes monticules que j'ai décrits. Si cela est, leur nid doit être beaucoup plus grand et plus curieux, ces insectes étant d'un tiers plus gros que les autres espèces, et conséquemment leurs logemens doivent être, s'il est possible, plus merveilleux encore. Toujours est-il certain qu'il doit y avoir quelque place fixée pour leur roi, leur reine et leurs petits. Je n'ai point vu l'insecte de cette espèce dans son état parfait.

L'économie de la nature éclate admirablement dans la comparaison des différentes espèces destinées à vivre sous terre, jusqu'à ce qu'elles ayent des ailes; avec cette espèce qui marche par corps nombreux en plein jour : les premières dans leurs deux premiers états, n'ont point d'yeux, du moins que j'aie pu découvrir : lorsqu'elles arrivent à l'état ailé ou parfait, dans lequel elles doivent sortir, elles sont pourvues de deux yeux très-beaux et brillans; mais les *termites voyageurs*, destinés à marcher en plein air et à la lumière, sont, même dans leur premier état, doués d'yeux proportionnellement aussi beaux que ceux que reçoivent les insectes des autres espèces, dans leur état parfait.

CHAPITRE X.

Continuation du voyage, de Zee Koe-rivier à Kleine Zon-dags-rivier, (petite rivière du Dimanche).

LE 1er. décembre nous continuâmes notre route à l'est de *Zee Koe-rivier*, et le lendemain nous passâmes celle de *Cabeljaauw*, la dernière place de ce côté qui fût habitée par des Colons chrétiens. Nous arrivâmes à *Camtours-rivier*, où nous rafraîchîmes.

1775.
Décemb.

Là un capitaine Hottentot ou patriarche, tenoit sous son empire environ cinquante hommes; mais c'étoit toujours un souverain à sa manière. Il étoit déja vieux; son nom étoit *Kies*. Je crus à la première vue, qu'il ne régnoit que sur des femmes; car la compagnie, au milieu de laquelle nous le trouvâmes, fumant sa pipe, n'étoit composée que de femmes. Les hommes, à l'exception de quelques-uns qui étoient demeurés malades d'une fièvre putride, étoient tous à la chasse d'un lion qui avoit recemment fait de grands ravages dans leur bétail. On nous dit que quelques-autres étoient

1775.
Décemb.

allés fort loin cueillir une plante succulente qu'ils s'amusent à mâcher, soit pour passer le tems, soit pour calmer la faim dans l'occasion, propriété qu'ils lui attribuent. Cette plante est, selon eux, d'un goût fort agréable. Nous demandâmes au capitaine *Kies* une grace qui nous fut refusée net; c'étoit de nous procurer encore quelques Hottentots pour nous servir de guides et d'un nouveau renfort qui pouvoit nous être utile dans le désert que nous allions traverser.

Cependant la conduite cavalière de *Plattje*, mon troisième Hottentot, envers le capitaine, me fit rougir. Jusque-là je n'avois remarqué rien de grossier dans sa façon d'agir, et je l'avois même toujours vu garder une sorte de respect pour ces patriarches, lorsqu'il s'adressoit à quelqu'un d'eux. Dès en entrant chez celui-ci, il alla sans façon, sans être invité, même sans saluer, s'asseoir à côté de lui, remplir sa pipe dans le sac à tabac du capitaine, et lui demanda du lait à boire. Cependant cet air familier ne fut point pris en mauvaise part. Au contraire, on lui apporta à l'instant une coupe pleine de lait caillé. J'observai alors, ainsi qu'à mon retour, que le capitaine *Kies*, comme le capitaine *Rundganger*, dont j'ai parlé ci-devant, avoit toujours à sa main, ou près de lui, son bâton de commandement, aussi simple et aussi uni que celui de l'autre. Quoique le capitaine *Kies* fût mieux partagé du côté du bétail, et qu'il eût un peuple plus nombreux, il couchoit au bel air, lui, sa cour et le reste de ses sujets ; car son palais ne consistoit qu'en un petit nombre de perches fichées en terre obliquement, et recouvertes d'une natte en lambeaux, qui laissoit un libre accès aux vents et à la pluie. Ce hangar ainsi ouvert, leur convenoit peut-être mieux dans cette saison et sous ce climat brûlant : il est probable qu'ils avoient l'intention de s'en procurer un meilleur pour l'hiver, ou pour mieux dire, la saison pluvieuse.

Le même jour nous continuâmes notre route vers *Looris-rivier*, près de laquelle nous passâmes la nuit. Nous rencontrâmes en cet endroit un fermier qui, dans son chariot attelé de bœufs, comme le mien, venoit de *Camdebo*, et avoit toujours suivi le cours de *Zon-dags-rivier*.

Camdebo est une contrée dont le sol répond à la description donnée ci-devant du *Carrow*. Le fermier nous apprit que la sécheresse dont toute la contrée s'étoit ressentie cette année, avoit été particulièrement remarquable à Camdebo, où depuis huit mois il n'étoit pas tombé une seule goutte de pluie ; cependant il en avoit eu plusieurs ondées le long de la rivière, en revenant.

Il nous conseilla donc de ne pas prendre cette route aride et raboteuse, qui n'étoit frayée presque dans aucun endroit, et où l'eau douce et le gibier étoient extrêmement rares. Il avoit été, nous dit-il, sur le point de casser la tête à un de ses bœufs de trait, faute de provisions, pour se nourrir lui et ses Hottentots; mais alors la curiosité amena près de son chariot deux *hart-beest*, et il eut le bonheur d'en tuer un.

Il avoit rencontré sur sa route une centaine de Caffres errans. « Leur chef, nous dit-il, me fit une proposition : ce fut de lui permettre de coucher cette nuit dans mon chariot, et qu'à cette condition, j'irois la nuit suivante coucher dans sa tente. Je ne voulus point y consentir; mais nous n'en restâmes pas moins amis : au contraire, comme il venoit de tuer un bœuf, il me fit présent des meilleurs morceaux, pour moi et mes Hottentots. »

Ce fermier nous dit aussi que le bétail

des Caffres est extraordinairement gras et en bon état; chose d'autant plus surprenante qu'ils ne le mettent dehors qu'à midi, et le font rentrer de très-bonne heure. Ils sont dans l'usage de caresser leurs bestiaux lorsqu'ils sont dans le *Craal*, et de leur parler pendant long-tems, comme les Arabes parlent à leurs chevaux. Cette coutume éveille les animaux, fait qu'ils profitent davantage, les rend vifs et dispos, et en même tems plus intelligens et plus traitables.

Le 3, nous rafraîchîmes, à midi, près de *Galge-bosch*, petit bois très-fréquenté par des lions, et plus encore par des buffles. Je fus donc plus inquiet que jamais pour mes animaux. Quoique le pâturage fût bon en cet endroit, ils s'étoient écartés fort loin, et nous fûmes plusieurs heures sans pouvoir les retrouver. Nous craignions qu'ils n'eussent été épouvantés par quelque lion: mais le fait est, que, fort altérés, ils avoient suivi le fond d'une vallée, qui les avoit conduits à une fosse profonde d'eau bourbeuse, où nous les trouvâmes. J'ai ouï dire à plusieurs Colons, qu'il y avoit entre l'eau et les Hottentots une sorte d'analogie, et qu'ils la trouvoient dans l'occasion, plus tôt et plus facilement que les Colons. Cette particularité, si elle existe, ne peut avoir d'autre cause que la patience et l'assiduité plus grandes qu'ils mettent dans leur recherche, et l'habitude d'errer dans les bois, qui les met plus au fait des différens sites et terrains où ils doivent ou ne doivent pas trouver de l'eau.

Nous n'avions, il est vrai, rien à boire nous-mêmes. Il étoit fort tard lorsque nous trouvâmes un *sourcin* (*), qui se trouva presque à sec; ensorte que nous n'avions d'autre moyen de nous désaltérer que de chercher les pas des buffles, le plus profondément imprimés dans la boue, où nous trouvions çà et là un peu d'eau. Nous nous imaginâmes de creuser de nos mains un trou plus profond, et d'attendre patiemment que l'eau s'y fût amassée, pour la puiser ensuite avec nos tasses; mais outre qu'elle étoit épaisse comme une bouillie, elle avoit acquis un goût si rance, sans doute parce que les buffles s'y étoient couchés et vautrés, que les Hottentots mêmes rechignoient à la boire: lorsque nous voulûmes en faire boire

---

(*) Mot que nous employons, faute d'autre, pour exprimer une source située en plaine, et qui n'a point d'écoulement.

à nos chevaux, l'odeur du buffle leur portoit au nez, et les faisoit souffler et renifler, avant même qu'ils en eussent goûté. Cependant nous étions si altérés, que nous fûmes obligés d'en avaler, de tems en tems, quelques gorgées. Nous voulûmes en faire du thé ou du caffé, mais elle étoit plus insupportable encore. Il étoit d'ailleurs trop tard, la nuit étoit trop obscure, et nous avions une peur trop bien fondée des lions, pour nous exposer à chercher d'autre eau. Au point du jour nous apperçûmes quelques traces qui nous découvrirent la véritable fontaine d'où naissoit ce *sourcin*, mais que les buffles, à force de la fouler avec leurs pieds, avoient presque refermée. Nous nous hâtâmes de creuser et de la r'ouvrir, et nous eûmes un peu d'eau passable, pour calmer notre soif que nous ne pouvions plus supporter.

Dans de semblables occasions nous faisions fréquemment usage de sucre candi; mais c'étoit un palliatif léger et peu durable sous ce climat brûlant. A 9 heures du soir le thermomètre étoit ce jour-là à 64 d., et le lendemain, qui étoit le 4, au point du jour, la grande quantité de rosée qui tomba, le fit descendre 10 deg. plus bas.

1775.
Décemb.

Nous continuâmes notre route par le chemin le plus enfoncé, vers *Van Staades-rivier*, qui étoit alors saumâtre et assez profonde. Faute à nos Hottentots d'avoir pris les précautions nécessaires, nos bœufs revinrent en désordre sur leurs pas, avant d'avoir passé la moitié de la rivière, et nous vîmes l'instant où animaux et chariot alloient être coulés à fond sans ressource. Lorsque nous eûmes atteint l'autre bord, nous reçûmes la visite de dix-huit Hottentots-*Gonaquas* d'un *Craal* voisin.

Cette nation est composée d'environ deux cents hommes, qui tous sont *pâturagers*, c'est-à-dire, qu'ils engraissent du bétail. Ils résident à cet endroit en deux villages séparés. Ils sont certainement un sang mêlé, issus des Caffres et des Hottentots. Leur langage a tout-à-la-fois beaucoup d'affinité avec celui de ces deux nations. Mais à leur prononciation forte, et qui annonce des hommes, à leur couleur plus rembrunie, à leurs membres gros et robustes, enfin à la hauteur de leur stature, ils paroissent tenir plutôt des Caffres, dont plusieurs vivent encore actuellement parmi eux. Leurs manteaux sont faits comme ceux des Caffres, de peaux de vaches apprêtées. Ces manteaux sont très-maniables. C'est peut-être la coutume qu'ils ont de les bien frotter en dedans avec des pierres, ce que je leur ai vu faire moi-même, qui leur donne cette souplesse; ou peut-être c'est la grande quantité de graisse et de poudre de *bucku* dont ils les enduisent à l'intérieur. Les *Gonaquas*, hommes et femmes, font grand cas des anneaux de cuivre; ils en portent aux bras et aux jambes. Ils portent aussi des plaques du même métal, de différentes formes et grandeurs, attachées dans leurs cheveux et à leurs oreilles.

Quant aux grains de verre, qu'ils comprennent tous sous la dénomination générale de *sintela*, les rouges sont ceux qu'ils aiment le mieux. Ils nomment ceux-ci, en particulier, *lenkitenka* (*). Les véritables Caffres ont en cela exactement le même goût; mais ils ont aussi quelques anneaux d'ivoire de la largeur et de l'épaisseur d'un demi-pouce, qu'ils enfilent à leurs bras jusqu'au dessus du coude : les hommes seuls en portent. Un Caffre, après m'avoir vendu ses bracelets, fut tout-à-coup frappé d'in-

---

(*) V. la liste des mots Caffres, que j'ai donnée à la fin du tome III.

quiétude, de ce qu'il seroit désormais, disoit-il, forcé d'aller les bras nus comme une femme. Les Caffres et les Hottentots-*Gonaquas* sont demandeurs fort importuns : ils n'entendent jamais raison en affaires, et lorsqu'ils font leurs payemens, ils veulent toujours avoir un cadeau par-dessus le marché.

Les *Gonaquas* et les Caffres diffèrent des autres Hottentots, en ce que la circoncision est en usage parmi eux. Comme ils ont coutume d'attendre qu'il se trouve plusieurs jeunes gens en âge d'être circoncis, ils subissent cette opération à différens périodes de la jeunesse.

Les femmes Gonaquas se servent de tabliers à-peu-près pareils à ceux des Hottentotes ; mais les hommes sont beaucoup plus nus que les Hottentots. Ils ne portent d'autre voile, qu'une espèce d'étui fait de la peau d'un animal, qui ne couvre que l'extrémité de ce que la modestie devroit leur apprendre à cacher entièrement : ce sachet qui ressemble à-peu-près au pouce d'un gand, est attaché avec une petite courroie ou boyau, à quelques cordons de grains enfilés, ou à des ceinturons de cuir, dont ils se ceignent le corps pour ornement. On voit quelques hommes, porter des queues de lion ou de buffle, pendues à ces ceinturons, comme autant de trophées de leur courage et de leur adresse à chasser et à tuer ces animaux.

1775.
Décemb.

D'après la nudité de ces hommes, on croira peut-être, qu'ils ont aussi peu de modestie que de voiles; mais ce que je puis dire, c'est que j'en ai trouvé fort peu que j'aye pu engager, même par des présens, à ôter leur sachet, pour satisfaire le desir que j'avois de me convaincre par mes yeux, s'ils étoient en effet circoncis. Un fermier m'a dit à la vérité, que dans la Caffrerie, on voyoit assez souvent des filles déja grandes, aller sans voile d'aucune espèce, et que dans certaines danses de jeunes gens, une partie constitutive de la solennité, étoit de faire en présence de tout le monde, ces sacrifices à l'amour, uniquement réservés par les lois de la décence, et par celles des nations civilisées, à l'état sacré du mariage.

Les Caffres me paroissent ressembler beaucoup aux esclaves *Mosambiques*, que j'ai vus au Cap; il est possible que l'une de ces deux nations descende de l'autre.

La principale intention des Hottentots-*Gonaquas* qui vinrent me saluer, étoit de me demander du tabac. Ils étoient tous armés d'une ou de plusieurs javelines ou *hassagais*. (V. pl. II, tom. I, fig. 1 et 2) Ils portoient de plus des bâtons courts, qu'ils nomment *kirris* : j'ai vu un de ces Hottentots en frapper fort adroitement un épervier au vol ; mais ils sont beaucoup moins adroits à lancer leur javeline. Je leur plaçai un mouchoir soutenu par deux bâtons, à la distance de vingt pas. Le mouchoir devoit être le prix de l'adresse ; ils ne purent jamais le toucher, quoiqu'ils essayassent à plusieurs reprises : ce manque de dextérité provient sans doute, de ce qu'ils ont négligé cet exercice, vivant trop loin des Boshis et des Caffres, pour avoir occasion de guerroyer avec eux, et trop près des Chrétiens, pour oser exercer contre eux quelques hostilités.

Ils paroissoient fort intrigués de manquer leur coup ; ils examinoient fort attentivement les javelines les uns des autres, et les mettoient en équilibre sur la main : il faut avouer qu'ils les lancent avec une grande force ; plusieurs personnes m'ont dit, qu'ils peuvent en percer d'outre en outre un homme, ou une gazelle, à la distance de vingt pas. Alors je tirai avec un un médiocre fusil dans un morceau de papier: ils furent fort étonnés de le voir criblé de petits trous. Fort curieux d'avoir ce papier, ils s'en emparèrent sans cérémonie; mais peu de tems après, ils offrirent de me le rendre pour un morceau de tabac.

1775.
Décemb.

Les Hottentots-*Gonaquas* sont pâturagers, et même un peu cultivateurs, de même que les Caffres. Le blé qu'ils sèment est le *bolcus-sorghum*, dont on fait aussi usage dans le midi de l'Europe, et qui rend abondamment. Les Colons l'appellent blé Caffre. Les tuyaux de ce blé s'élèvent à la hauteur d'un homme, et sont aussi gros qu'un jonc; ils se terminent en un pédicule ou épi branchu, d'un pied et demi de long; le grain est à peu près de la même grosseur que le riz. On le sème en août ou septembre; mais durant le tems que j'ai été dans Sitsikamma, j'en ai vu au mois de novembre de bon à couper chez un fermier, qui n'en faisoit qu'une très-petite provision, seulement pour donner à son bétail. Les Caffres le broient entre des pierres, et en font des pains, qu'ils cuisent sous la cendre; ils le font aussi fermenter avec de l'eau et une certaine racine, jusqu'à ce qu'il produise une liqueur enivrante; ils

Tome II.   N

consomment ordinairement toutes leurs provisions de cette liqueur avant la fin de l'automne ; il est vrai qu'elles ne sont jamais bien considérables. Le Prince Caffre *Paloo*, que les Colons appellent le Roi *Pharaoh*, mourut, dit-on, à force de s'enivrer de cette liqueur.

Nous nous hâtâmes, pour plusieurs raisons, de quitter cet endroit ; nous dirigeâmes alors notre route vers le nord, à travers une campagne plate et unie, couverte en grande partie d'une herbe sèche et aride, haute d'environ deux pieds. Notre guide nous conduisit d'abord à une fontaine d'eau un peu chaude, et le soir à un étang, à la source d'une rivière qui étoit alors desséchée, agréable voisinage pour nous et pour notre bétail, quoique l'eau n'y fût pas des meilleures. Nous nous y établîmes pour passer la nuit.

Nous eûmes beaucoup de peine à ramasser dans le voisinage, assez de bois pour faire bouillir notre théière. Ce fut en cet endroit, qu'un accident terrible manqua de mettre fin à notre voyage : un Hottentot, qui cherchoit je ne sais quoi, avec un morceau de bois allumé, mit par hasard le feu à quelques-unes des herbes sèches dont la terre étoit couverte. La flamme prit en un instant comme à des étoupes, et elle s'étendoit si rapidement, que si nous n'eussions été tous à la fois prompts à en arrêter le progrès, tout le canton n'eût été bientôt qu'un brasier, et nous eussions vu immanquablement notre chariot brûler et sauter en l'air: car, outre la poussière de charbon, dont nous avions encore une provision, il contenoit plusieurs matières inflammables, la banne qui le couvroit, des herbes, du papier, un baril d'eau-de-vie, et environ vingt livres de poudre à canon. Le vent souffloit violemment du sud-ouest, et à onze heures du soir le thermomètre étoit à 66 d. Il étoit au point du jour à 64. Nous sellâmes nos chevaux, attelâmes nos bœufs, et partîmes. A neuf heures du matin, nous étions à la petite *Zwart-kops-rivier*, d'où nous partîmes vers les quatre heures du soir, et arrivâmes à six, à la grande rivière de *Zwart-kops*.

Nous vîmes sur la route de grandes troupes d'ânes sauvages, nommés *quagga*, et des *hart-beests*, et pour la première fois, six buffles femelles avec deux petits. Ils venoient du côté de la mer, d'où, suivant la conjecture de notre guide, la crainte des lions, ou les piquures des mouches, les avoient forcés de se retirer, dans la chaleur du midi.

Nous n'avions encore trouvé aucune espèce de gibier, et notre mouton salé avoit été jusque là notre unique ressource; mais la chaleur lui avoit fait prendre un peu de haut-goût. M. Immelman, qui étoit délicat en fait de nourriture, et nullement accoutumé à vivre de viande salée, sur-tout quand elle commençoit à se gâter, avoit depuis notre départ (il y avoit alors cinquante jours), beaucoup souffert de la faim: car notre petite provision de pain commençoit à diminuer, et nous étions réduits à la ration de deux biscuits par jour, chaque biscuit pesant environ une once et demie.

Arrivés à *Zwart-kops-rivier*, où nous avions intention de passer la nuit, nous y trouvâmes deux fermiers, venus avant nous. L'objet de leur voyage étoit de chasser, et de faire en cet endroit leur provision de sel. Ils avoient en effet déja tué plusieurs têtes de gros gibier, dont ils avoient pendu la chair, coupée en larges tranches, aux arbres, aux buissons, à leurs chariots, pour la faire sécher au soleil, comme on a vu ci-devant les Hottentots de *Diep-rivier* faire sécher des morceaux d'éléphant. Toute cette chair répandoit à la ronde une odeur crue, rance, et même infecte, quelques lambeaux étant déja en putréfaction. Les fermières et leurs enfans, un petit nombre de Hottentots qui les accompagnoient pour leur aider, ou pour leur propre plaisir, se régaloient de viande, ou dormoient; d'autres étoient occupés a écarter nombre d'oiseaux de proie, qui volant autour d'eux et sur leur tête, cherchoient à leur attraper quelques morceaux. Cet horrible spectacle de tant de créatures carnivores, humaines et autres, éveilla en moi un vif souvenir des Cannibales de la nouvelle Zélande, et nous ôta totalement l'appétit. Nous résolûmes donc de ne pas souper, et de supporter plutôt la faim toute la nuit. Mais quelque tems après, nous vîmes arriver notre guide, portant à sa main une épaule de *hart-beest*, qu'il venoit de tuer : il la coupa par morceaux, et la fricassa dans notre marmite, avec de la graisse. Les Hottentots appellent ce ragoût *tnora* (qui signifie couteau), du nom de l'instrument qui leur a servi à couper la viande en morceaux. A cette vue, l'eau nous vint à la bouche, et nous

1775.
Décemb.

en mangeâmes de fort bon appétit, sans nous souvenir de nos dégoûts.

Le 6, au point du jour, nous allâmes à cheval, notre guide et moi, chercher le reste du *hart-beest* qu'il avoit tué; nous le découpâmes, en prîmes ce que put porter un des chevaux, et mîmes le tout pour provision, dans le chariot (*).

Les fermiers qui devoient aller avant moi au Cap, voulurent bien, à ma demande, emporter dans leur chariot le paquet d'herbes que j'avois déja cueillies, sans quoi je n'aurois jamais eu assez de place dans le mien pour loger toute ma collection.

La marée étoit visible dans la rivière de *Zondags*. Il ventoit fort du S. S. O. A midi le thermomètre, à l'ombre, étoit à 71 d. Le soir, lorsque la lune fut levée, il étoit à 64. Le 7, vers les cinq heures et demie du matin, il étoit à 52.

Nous continuâmes d'avancer au nord; et,

―――――――――

(*) Je trouvai en cet endroit beaucoup de *tubalgia*, petite plante de l'Hexandrie, ainsi nommée par Linné, du nom de M. Tubalg, gouverneur au Cap. Je n'en avois jamais vu qu'un seul échantillon; c'étoit sur le chemin de Zwellendam. J'y vis aussi une petite espèce d'oignon, ayant des feuilles en spirales; j'y pris un *amphisbæna* (serpent), et y fis la description d'un *cleome juncea*, que j'ai insérée dans les *acta societ. Upsal.* tome III, page 192.

à un bon mille et demi de la rivière, nous trouvâmes la grande *Zout-pan* ou Saline : ils appellent ainsi les endroits qui produisent le sel qu'on emploie dans les cuisines.

1775.
Décemb.

Cette saline est une plaine assez étendue, couverte d'une croûte de sel unie, continue, et parfaitement semblable à un lac glacé. Le contraste de cette congélation avec la chaleur de l'air, avec les arbres et les fleurs qui l'environnoient, m'eût certainement frappé d'étonnement, si je n'avois été prévenu de la cause réelle du phénomene. La croûte, plus mince vers les bords, laissoit voir à travers, un terrain de marne et de glaise ; mais vers le milieu j'observai que cette croûte avoit plus de deux pieds d'épaisseur ; je ne pus appercevoir au dessous, ni l'eau, ni le fond. Les Colons, qui la creusent avec des pieux, croient que la croûte de sel s'étend l'espace de plusieurs brasses au dessous de la surface.

Cette *saline* d'une forme oblongue, avoit environ trois milles de circonférence ; après plusieurs jours consécutifs de chaleur, il se forme en divers endroits sur la croûte, comme une gelée blanche, qui est le meilleur et le plus fort de tous les sels, et que les Colons regardent avec raison, comme supérieur à celui de Lunenbourg. Quant à moi, tout le sel de cet endroit me parut être très-fin et très-pur, et il m'a semblé, ainsi qu'à plusieurs personnes, qu'il donnoit au beurre et aux viandes un meilleur goût que celui de toutes les autres salines qu'on trouve en Afrique, à *Saldanka-bay*, par exemple, entre les rivières *Zout-melk* et *Gaurits*, et dans certains endroits, entre les *Sneeuw-bergen* (montagnes de neiges).

Mes Hottentots ramassèrent une provision de ce sel, pour saler notre viande et les peaux d'animaux que je pourrois avoir envie de conserver. Pendant ce tems-là, je fis moi-même une riche capture de reptiles et d'insectes qui m'étoient inconnus : les uns étoient enfermés et cristallisés avec le sel ; d'autres étoient mourans ou venoient de mourir, empêtrés dans une matière saline et visqueuse ; plusieurs autres avoient été noyés dans les eaux claires qui, lorsqu'il a tombé de la pluie, s'amassent à certains endroits dans l'incrustation. Nous fûmes obligés de passer à pied un bon bout de chemin à travers la saline ; et quoique le sel séchât et se cristallisât sur nos pieds et sur nos jambes, jusqu'à la nuit, que nous trouvâmes de l'eau douce pour nous laver, nous n'en ressentîmes aucun effet fâcheux. Je rapporte ici cette particularité, pour l'encouragement de ceux qui pourroient par la suite être tentés de venir en cet endroit, ou dans d'autres semblables, recueillir des insectes.

Ce fut là que je découvris cet insecte singulier, le *cimex paradoxus* (pl. V.), dont j'ai donné la description dans les transactions de Suède (*). Comme je cherchois vers l'heure de midi, sous quelques arbres, un peu d'abri contre la chaleur du soleil ;

(*) La couleur de l'insecte est jaune pâle, tirant un peu sur le brun. Sa longueur est environ un demi-pouce ; sa largeur, prise de l'extrémité des pointes, plus d'un quart de pouce ; prise de la racine de ces mêmes pointes, un huitième de pouce.

Les ailes, repliées sur son dos, plat comme celui des autres *cimex*; *scutellum* très-petit ; *rostrum* se prolonge jusqu'au milieu de l'*abdomen*, et n'a pas de pointes. *Antennæ* à-peu-près de la longueur du corps ; la première jointure est très-solide, garnie de pointes dirigées en avant ; la seconde est de la grosseur d'un fil ; la ligne de séparation est bien marquée ; la troisième enfin est très-courte, et a la figure d'une petite massue.

La tête garnie de pointes, dont la direction est en avant. Le *thorax* un peu élevé, garni de pointes. L'*abdomen* en forme de bateau, avec un rang de pointes de chaque côté. Les apophyses des côtes à-peu-près de la même largeur, excepté celles de devant qui sont plus petites. Toutes sont ainsi que les cuisses, garnies de pointes. Transactions philosophiques de Suède, p^r. 1777, 3e. quart. page 234.

le tems étoit alors très-calme, et les feuilles d'un tremble auroient à peine été agitées; cependant je crus voir une feuille flétrie, pale, ridée et comme rongée par les chenilles, s'agiter sur l'arbre. Frappé de cette singularité, je quittai mon bosquet de verdure pour aller examiner cette feuille. J'en pus à peine croire mes yeux, lorsque je vis un insecte vivant, sous la forme et la couleur d'une feuille flétrie, et comme rongée par les chenilles, et dont le dos étoit garni de pointes. M. Immelman, que j'appelai, partagea mon plaisir et mon étonnement. Il s'attacha à examiner s'il n'en trouveroit point quelque autre semblable, et nous fûmes convaincus que le premier trouvé n'étoit point un monstre, mais qu'il avoit son pareil. Nous ne nous lassâmes pas d'admirer ensemble la profonde sagesse du Créateur, qui a donné à cet animal la forme et la couleur d'une feuille, sans doute afin qu'en sureté sous ce masque, et inconnu à ses ennemis, il puisse remplir plus efficacement quelque important office dans le grand système de la création : système dont on s'occupe trop peu ou trop superficiellement, et dont l'étude ramène sans cesse l'observateur confondu d'étonnement, sous la présence du souverain auteur et ordonnateur de cet univers.

1775.
Décemb.

Nous arrivâmes le soir à *Kuga*, petite rivière, dont l'eau étoit saumâtre ; mais nous en trouvâmes un peu de bonne à une fontaine tout près de la rivière. Nous apperçûmes en cet endroit deux lièvres, qui nous parurent ressembler aux lièvres ordinaires d'Europe.

Mon compagnon fut repris de son crachement de sang. Un peu de salpêtre et d'eau de fontaine, étoient les seuls médicamens que je pouvois lui administrer dans ce désert ; ils lui réussirent. Le beau tems, la fraîcheur de la nuit, et sur-tout son aversion pour toute maladie dans les circonstances actuelles, contribuerent aussi, je crois, à lui faire promptement oublier sa maladie ; mais le lendemain matin, il se trouva par hasard dans un bien plus grand danger de perdre la vie. Comme il s'étoit écarté de nous l'espace de deux ou trois cents pas, pour essayer ses forces, il fut tout-à-coup assailli par un troupeau de jeunes bestiaux, que quelque fermier, pour faire un essai, avoit laissés dans cet endroit, sous l'inspection d'un esclave. Comme depuis long-tems, ils n'avoient vu d'autre homme que le berger, ces animaux, redevenus sauvages, firent un demi-cercle autour de M. Immelman, et l'auroient vraisemblablement tué à coups de tête. Une génisse sans cornes étoit la plus obstinée à le poursuivre. Je courus à son secours avec un fusil chargé, résolu de faire feu sur le troupeau; cependant il me vint en pensée d'essayer d'une voie plus douce: j'avois ouï dire en Europe, qu'un moyen de repousser les attaques des taureaux méchans, étoit de se couvrir le visage de son chapeau et d'avancer sur eux, ce que nous fîmes, et qui nous réussit parfaitement. Un instant après, ils attaquèrent un de mes Hottentots, qui leur échappa, graces à la légèreté de ses pieds. A notre retour on nous dit qu'un lion avoit forcé le propriétaire à retirer son troupeau de cet endroit. Le même jour, deux *hart-beests* vinrent de bonne heure dans la matinée examiner notre chariot; mais nous n'avions pas alors un seul de nos fusils chargés. A midi, le thermomètre placé à l'ombre sous le chariot, étoit à 83 degrés.

Dans l'après-midi nous partîmes, dirigeant notre course à l'est, plus vers le bas de *Zondags-rivier*, et nous arrivâmes à un endroit nommé *Nuko-kamma*, qui, je crois, signifie *eau des herbages*. Nous y trouvâmes les traces récentes d'un lion, et nous crûmes voir dans la soirée un éléphant, fort éloigné de nous, entre des buissons de gayac (*guaiacum afrum*), et de l'arbre nommé *mimosa nilotica*, qui leur servent, dit-on, d'asile. Nous commençâmes aussi à voir des poules de Guinée (*numida meleagris*) (*).

1775.
Décemb.

Nous fûmes frappés d'une différence extraordinaire entre les deux bords du lit de la rivière de *Zon-dags*, qui fait en cet endroit beaucoup de détours. Du côté où nous étions, le bord étoit très-haut, escarpé, ou plutôt perpendiculaire. Il paroissoit être entièrement formé d'une marne sèche, pareille à celle de la surface des terres voisines. Au haut de ce précipice, la superficie du sol étoit plane et unie. L'autre rive étoit

---

(*) Elles vont par volées, et sont conséquemment fort circonspectes. J'ai observé qu'elles volent bas et droit devant elles, comme nos perdrix. Il paroît qu'elles ne se nourrissent que de productions de la terre. Dans la nuit, elles se perchent toutes ensemble sur des arbres. J'en ai tué six d'un coup de fusil, comme elles étoient ainsi perchées; et plusieurs autres que j'avois blessées, m'échappèrent dans l'obscurité. La chair m'en parut sèche, et beaucoup inférieure à celle des poules ordinaires.

basse et platte. Il est difficile d'expliquer cette singularité, à moins de supposer qu'un des bords aura été ainsi élevé par quelque tremblement de terre, ou que la rivière s'étant fait par degrés un passage le long du pied d'une montagne dont le sommet étoit aplati, l'aura minée en dessous, jusqu'à ce qu'enfin la terre suspendue, venant à s'écrouler, ait laissé cette rive escarpée, comme elle est. Cette nuit-là, nous eûmes de la pluie et un vent de sud-est.

Le 9, nous en partîmes à cinq heures du matin, le thermomètre étant alors à 62 deg.; et à 3 heures et demie d'après-midi nous arrivâmes à la petite *Zon-dags-rivier*. Nous nous étions cependant écartés de notre route pour chasser deux buffles, dont l'un s'échappa, quoique blessé, et l'autre s'enfonça dans des buissons, où il n'eût été ni prudent ni possible de le suivre. Je pus voir du haut de quelques arbres avec quelle prodigieuse facilité l'animal perçoit à travers l'épaisseur du bois, comme s'il eût couru dans un champ de seigle. Nous vîmes aussi un *Koedoe* (*l'antilope strepsiceros* de Pallas).

A peine étions-nous arrivés à ce petit ruisseau de *Zon-dags*, que nous reçûmes la visite de trois vieux Hottentots qui avoient l'air de venir épier s'ils ne trouveroient rien qui leur convînt. Ils étoient, à proprement parler, de la race des *Boshis*, mais moins sauvages. Eux-mêmes se distinguoient, dans leur langage, par le nom de *bons hommes Boshis*; sans doute à cause qu'ils élevoient un peu de bétail, et ne vivoient pas de rapines comme leurs compatriotes. Mon guide m'expliqua l'objet de leur visite; c'étoit de nous demander un peu de tabac, et d'exciter notre compassion pour l'état déplorable dans lequel ils se trouvoient. Des fermiers, disoient-ils, étoient venus tout récemment leur enlever leurs jeunes gens. Ils se voyoient à présent abandonnés dans leur vieillesse, et forcés de pourvoir eux seuls à leur subsistance et à celle de leur bétail. J'entendis que mon interprète leur répondoit qu'ils pouvoient bien s'appercevoir que nous n'étions point des fermiers, encore moins des *voleurs d'enfans*.

Il faut savoir que, ne pouvant faire concevoir aux Indiens et Hottentots ignorans, ce que c'étoit que la compagnie des Indes Hollandoise et leur cours de jurisdiction, les Hollandois, dès leurs premiers établissemens, donnèrent politiquement à la compagnie le nom individuel de *Jan* ou *Jean*, Prince Chrétien, extraordinairement puissant. L'idée d'un seul chef étoit plus propre à imprimer du respect aux Indiens, que le nom collectif d'une compagnie de marchands. Je leur fis donc dire, par mon interprète, que nous étions les fils de *Jean compagnie*, qui nous avoit envoyés examiner le pays, et cueillir des plantes propres à la médecine; que nous étions munis d'une ample provision de poudre et de balles, et, comme ils pouvoient le voir, de cinq terribles armes à feu; que nous avions intention de tuer beaucoup de gibier, et que ce seroit une pitié de voir quelle prodigieuse quantité de viande alloit rester perdue et abandonnée aux oiseaux et aux autres animaux de proie, s'ils ne venoient avec nous partager le festin.

Cette fable, ourdie à la hâte, d'un mélange de vérité et de mensonge, parut faire une impression profonde sur l'esprit des Hottentots. C'étoit les toucher à l'endroit sensible, que leur parler d'une chère si splendide et montrer de la compassion pour leur maigreur, sans leur laisser entrevoir que c'étoit pour mon avantage plus que pour le leur, que je desirois leur compagnie.

gnie. Ces trois Hottentots nous quittèrent: mais à la nuit, j'en vis venir trois autres vers le milieu de l'âge, qui nous offrirent leurs services; et je m'apperçus aussi que les trois premiers préparoient avec beaucoup d'empressement, leurs souliers, pour être prêts à nous suivre le lendemain matin.

1775.
Décemb.

Je fis remarquer à mon guide, que la conduite de ces Hottentots me paroissoit étrange et peu conforme à l'état d'infirmité et d'affliction dont ils feignoient d'être accablés le matin; que, d'après cette résolution si brusque, je craignois qu'ils ne fussent capables de quelque perfidie; d'ailleurs, il étoit fort incertain si nous trouverions assez de nourriture pour six personnes de plus, qui, avec nous, complétoient le nombre d'onze. « Bast! me repondit *Plattje*, « c'est la coutume des Hottentots de men- « tir dans les premières paroles qui sortent « de leur bouche. Ne vous inquiétez pas « pour la victuaille; nous trouverons as- » sez de gibier pour tous, je vous le « garantis. « Cette dernière partie de sa réponse me rendit un peu de confiance. Quant à la coutume de mentir dès les premiers mots, je n'en devois guère aux Hot-

Tome II. O

tentots; mon histoire de *Jean compagnie* nous mettoit à-peu-près au pair.

1775.
Décemb.

Nous partîmes donc le 10 au matin, nos neuf Hottentots, M. Immelman et moi. Les six nouveaux venus n'entendoient pas un mot de Hollandois; il falloit que les trois autres fussent nos interprètes; mais plus souvent nous les faisions entendre par signes et par quelques mots Hottentots que nous commencions à connoître, et même à prononcer avec le claquement usité; cependant nous ne laissions pas, mon compagnon et moi, d'être inquiets comment nourrir tant de monde, et nous nous attendions à les voir, en cas de disette, murmurer contre les nouveaux *Moyse* et *Aaron* qui les avoient conduits dans le désert. Nous n'avions pu retrouver le buffle blessé la veille, quoique les buissons, en plus d'un endroit, fussent teints de son sang; cependant nous fûmes un peu rassurés en voyant nos six volontaires manger sans difficulté, et sans aucun apprêt, les méchantes féves d'un arbrisseau sauvage (le *guaïacum afrum*). Je leur indiquai encore une autre substance propre à calmer leur faim. C'étoit la *gomme arabique*, produite par le *mimosa nilotica*; mais je voulois leur apprendre ce qu'ils savoient mieux que moi, pour en avoir fait plus souvent l'expérience. On dit que les Hottentots *boshis*, faute d'autres provisions, vivent souvent pendant plusieurs jours consécutifs de *gomme arabique*.

1775.
Décemb.

Je vis alors, pour la première fois, une troupe de *bosch-varkens* ou *wilde-varkens* (sangliers, ou cochons des bois), dans leur état sauvage. Jusque-là, je n'en avois vu qu'un seul dans la ménagerie du Cap, très-féroce et très-méchant, et qu'on tenoit bien attaché avec de fortes chaînes. M. Pallas, qui a décrit cet animal (*) sous le nom d'*aper æthiopicus*, et en a donné la figure, dit qu'un d'eux tua le garde de la ménagerie d'Amsterdam. Il ne faut que regarder ses larges défenses pour concevoir que cet animal irrité doit être terrible. Elles sont au nombre de quatre ; deux sortent de la mâchoire inférieure, et se recourbent comme des cornes au dessus de ses narines. Elles ressemblent à de bel ivoire (**).

(*) Voy. *Spicil. Zool.* fasc. II, pag. 11 ; et *Miscel. Zool.* pag. 16. Voy. aussi *Spicil. Zool.* fasc. XI, addit. pag. 84.

(**) Dans une tête desséchée de sanglier d'Afrique, que j'ai donnée à l'Académie royale des Sciences de Suède, les défenses ou cornes avoient neuf pouces de long, et leur circonférence à la base étoit de cinq pouces pleins : les deux

L'animal s'en sert moins pour mordre que pour heurter de la tête. Un petit sanglier de cette espèce, que par la suite je pris à *visch-rivier*, et que je croyois pouvoir ramener vivant au Cap, connoissoit déja cette manière de heurter ; je fus obligé de le faire tuer. Quoique fort jeune, il étoit si méchant et si prompt dans tous ses mouvemens, que mes Hottentots en étoient fort effrayés. Nous aimons mieux, disoient-ils, attaquer un lion dans une plaine, qu'un cochon sauvage ; car celui-ci, quoique plus petit, fond sur un homme aussi rapidement qu'une flèche, le renverse, lui casse les jambes, et lui ouvre le ventre, avant qu'il puisse frapper l'animal de sa javeline.

Les repaires de ces sangliers ont toujours une entrée fort étroite, et sont sous terre. On prétend qu'ils y entrent à reculons et s'y rangent ainsi à la file ; mais il me paroît plus probable que ces passages s'élargissent en avançant sous terre. Quoi qu'il en soit, il est certain que les Hottentots n'osent les attaquer dans leurs trous, dans la crainte d'une sortie trop vive.

---

autres défenses n'étoient, que de trois pouces, hors de la bouche, ayant un côté plat, et correspondant à une autre surface unie qu'on voyoit aux défenses supérieures.

Le corps de l'animal est petit, en comparaison de sa tête. Cette conformation lui donne de la facilité pour creuser la terre. Il ne seroit pas prudent de l'approcher de trop près, ni de le chasser à cheval; car souvent il se retourne brusquement, frappe de ses défenses les jambes du cheval, et tue en deux ou trois coups le cheval et le cavalier.

1775.
Décemb.

La troupe de sangliers que je vis ce jour-là, étoit composée de petits et de laies. Je les poursuivis pour tuer un petit, mais inutilement. Cependant cette chasse me procura une surprise agréable ; les têtes des laies, qui jusque-là m'avoient semblé d'une grosseur ordinaire, me parurent tout-à-coup monstrueuses et informes. Cette singularité m'étonna d'autant plus, qu'occupé du soin de conduire mon cheval à travers un terrain couvert de buissons et de trous, je n'avois pu voir de quelle manière la métamorphose s'étoit opérée. Je m'apperçus que les laies, en fuyant, avoient pris les petits à leur gueule, ce qui m'expliqua aussi comment j'avois vu ceux-ci disparoître tout-à-coup. Les sanglier d'Afrique ressemblent en cela à nos cochons domestiques; mais cet usage est chez eux plus fréquent et plus constant, et il est plus difficile à concevoir comment ils peuvent porter ainsi leurs petits entre leurs larges défenses, sans les blesser, et même sans les faire crier. J'ai cependant vu la même chose se répéter deux autres fois. Le cri des petits ressemble à celui de nos cochons ordinaires.

Une personne digne de foi m'a dit qu'un *Josué de Boer*, fermier de Camdebo, étoit venu à bout de se procurer une portée d'un de ces cochons de bois qu'il avoit accouplé avec une truie ordinaire; mais mon auteur ne put m'apprendre d'autre particularité sur ce fait. Si cette expérience n'a pas réussi en Hollande, comme nous le dit M. Pallas, on ne doit pas en conclure qu'elle ne puisse réussir ailleurs. (*).

(*) J'ai remarqué à mon retour par le *Lange-kloof*, chez un fermier de cette province, deux cochons domestiques qui paroissoient être de la race des sangliers, en ce qu'ils s'agenouilloient pour paître, et se relevoient successivement avec la plus grande facilité. Cette faculté semble provenir de l'habitude de vivre dans des cavernes souterraines, et de ce que l'animal a le cou trop court pour pouvoir commodément baisser sa tête jusqu'à terre.

On distingue encore les sangliers d'Afrique des autres espèces de sangliers, à quatre caroncules ou excroissances qui leur sont particulières. Deux sont larges et plates : elles ont environ deux pouces de long sur deux de large, et sont placées à l'espace d'un travers de main au dessous des yeux, sur

Nous arrivâmes, à la nuit, à *l'Kurenoi*, où nous nous arrêtâmes. A quelques portées de fusil de cet endroit, résidoit une race de Hottentots bâtards ou Hottentots-Caffres. Leur langage étoit plutôt Caffre que Hottentot; mais ils n'avoient ni les grosses lèvres, ni le corps robuste, ni l'air libre et dégagé, ni la couleur noire des habitans de la Caffrerie. Ils n'étoient pas même aussi basanés que mes Hottentots, et je conjecturai qu'ils étoient descendus de quelques hommes d'une autre nation qui, après avoir gagné quelque bétail à servir chez les Caffres, étoient venus là s'établir en société.

1775.
Décemb.

---

le devant : les deux autres sont sphériques, hautes d'un pouce, et situées au dessus du groin, à trois pouces de distance, sur une ligne droite, à prendre de derrière les mâchoires. La queue est aplatie à l'extrémité, et ils la tiennent dressée en l'air tant qu'ils se sentent poursuivis. Il m'a semblé que la chair ressembloit, quant au goût, à celle du cochon ordinaire. Mais je n'ai point observé que ces animaux soient de la couleur rembrunie et foncée que M. Pallas, et M. Vosmaer dans ses figures coloriées, leur ont donné. Ceux que j'ai vus étoient d'un jaune clair, comme la plupart de nos cochons domestiques, et je ne les ai entendu nommer nulle part dans la colonie, *kaart loopers*, comme le prétend M. Vosmaer. Je les ai entendu souvent appeler *kaunaba* par les Hottentots, qui m'ont aussi appris que ces animaux aiment beaucoup à se vautrer dans la fange, et qu'ils sont avides des racines d'un arbrisseau du genre des *mesembryanthemum*, qu'ils appellent *da t'kai*.

1775.
Décemb.

L'iris de leurs yeux étoit d'un brun foncé, et presque aussi noir que leur prunelle. Ils avoient beaucoup de bétail, et paroissoient mener une vie fort heureuse à leur manière. Dès que leur troupeau étoit rassemblé et ramené du pâturage, c'étoit une curiosité de les voir traire leurs vaches, occupation qu'ils entremêloient de danses et de chants.

Jamais nous n'avions vu autant de bonheur et de contentement, que cette joyeuse coutume en annonçoit dans une poignée de pauvres sauvages, au milieu d'un désert. M. Immelman voulut voir le modèle original de cet état de félicité pastorale, que nos poëtes sont continuellement occupés à peindre et à chanter. Nous nous annonçâmes encore ici comme les *enfans de la compagnie*. Ils nous reçurent avec une simplicité, une franchise et une liberté qui nous donnèrent une opinion avantageuse de leur caractère, et nous firent voir en eux des hommes qui n'étoient pas si dégradés. Ils nous présentèrent du lait, et ne refusèrent pas de danser à notre sollicitation. Ils nous firent entendre qu'ils nous connoissoient déja de réputation, long-tems avant notre arrivée; qu'ils avoient ouï parler de nous comme de gens singuliers, portant des cheveux plats, chercheurs d'herbes, et attrapeurs de vipères.

Nous fûmes spectateurs de leurs contredanses, où l'on n'appercevoit ni art ni agilité. Elles ne consistoient qu'en un mouvement de pieds modéré, et même un peu lent, tandis que chacun deux, de tems en tems, agitoit doucement un petit bâton qu'il tenoit à sa main. On remarquoit dans leur chant la même simplicité. Un de leurs airs de danse, qu'on trouvera noté à la fin du tom. III, n'étoit formé que de ces paroles *mayema, mayema, huh, huh, huh.* Les premiers mots étoient chantés *piano* par une vieille matrone, à laquelle les garçons et les filles repondoient par les derniers, chantés *staccato* et en Chorus. Il faut avouer que ce concert n'étoit guère propre à flatter une oreille musicale; cependant il inspiroit une sorte de gaieté, et n'étoit point du tout désagréable.

Ils avoient une danse d'un autre genre; elle consistoit à se prendre tous par la main, et à danser doucement en rond, autour d'une ou plusieurs personnes placées dans le cercle, et dont les mouvemens étoient plus vifs et plus pressés. Nous ne pouvions nous empêcher de rire, tout en redoutant quelque malheur pour les pauvres enfans suspendus à trois ou quatre pieds de hau-

1775.
Décemb.

teur. On voyoit leurs petites têtes agitées en dedans et en dehors du sac attaché au manteau de leurs mères, qui dansoient comme les autres. Ils nous sembloit à chaque instant qu'ils alloient tomber et se casser le cou; mais le plus amusant encore, c'est que, loin de se chagriner d'un si rude exercice, ces malheureux petits Hottentots y prenoient beaucoup de plaisir, et crioient de toutes leurs forces, lorsque les mères, fatiguées de les porter, les posoient à terre ou sortoient de la danse.

Un seul Hottentot, me dit-on, est principalement chargé du gouvernement général de la république. On me le montra, en m'ajoutant qu'il étoit le plus riche du *Craal;* il tenoit cet emploi d'héritage. Il me parut un homme modéré, rassis et vers le milieu de l'âge. On ne découvroit dans ses manières aucun air de prééminence ou d'autorité. Au contraire, il avoit plus d'embarras à traire ses vaches que tous les autres : tant il est vrai que, chez les peuples même les plus incultes, les plus riches sont les plus tourmentés de soins et d'inquiétudes, et les plus mal-adroits.

Mais je remarquai là un autre homme dont l'air affairé, le babil et les gesticulations continuelles annonçoient évidemment un homme public et de conséquence. C'étoit le sorcier, comme ils l'appeloient, de la république : et conséquemment, en vertu de son office, c'étoit le maître des cérémonies, le grand-prêtre, le médecin des hommes et des vaches, et par dessus tout, indépendamment de ses dignités, un franc charlatan, qui par ses bouffonneries et ses gestes ridicules, cherchoit à se distinguer des autres, et excitoit sans cesse les jeunes gens à danser. N'ignorant pas que dans les sociétés d'Europe plus polies et plus éclairées, des charlatans, par le moyen de leurs petits et méprisables talens, se poussent aux postes les plus importans et au comble de la fortune, je ne fus point étonné d'apprendre que ce fripon possédoit le plus nombreux troupeau de tous. On me dit que lorsqu'il délivroit ou supposoit avoir délivré une vache, et que le travail avoit été un peu difficile, il lui revenoit de droit une génisse, et qu'à chaque fête, le morceau le meilleur et le plus gras lui tomboit toujours en partage.

Outre les danses et les chants journaliers, ces Hottentots-Caffres, ont encore dans leurs jours de fête d'autres jouissances bien plus voluptueuses, dont ces époques fournissent l'occasion desirée aux jeunes gens des deux sexes non mariés. Dans une de leurs danses, m'a-t-on dit, les garçons et les filles ont la liberté de se retirer par couples dans un endroit écarté, successivement et à divers intervalles, sans que cette disparition donne au reste de la compagnie le moindre sujet d'offense ou de scandale, et même sans que l'un ou l'autre des absens ait lieu de rougir lorsqu'ils rejoignent l'assemblée. Je n'ai pu savoir si leurs lois, d'accord avec l'occasion, autorisoient l'acte même que les Caffres, comme je l'ai dit ci-devant, se permettent, en présence de toute la compagnie, et au milieu de la danse.

Cependant ce relâchement de leurs loix, qui leur laisseroit des occasions de ce genre, ne s'accorde point avec l'exactitude rigoureuse de ces mêmes loix dans le cas suivant. « Toute jeune fille qui, après avoir ainsi dansé, se trouvera enceinte, sera mise à mort, elle et son amant. » Il est vrai que la loi ajoute : « A moins que les vieillards de la famille ne jugent à propos de mitiger la punition, et de la commuer, en la réduisant à l'union perpétuelle des deux coupables; ordonnant de plus, qu'un bœuf ou une vache sera confisqué pour régaler toute la société, en expiation de leur crime. » Il n'est pas difficile d'appercevoir, dans ce dernier article, les motifs intéressés de la société; mais il n'est peut-être pas aussi aisé, d'après cet étrange édit, de découvrir l'intention primitive du législateur.

Il existe encore, chez les Hottentots de cette race, une coutume non moins étonnante. Qui croiroit que parmi ces pâtres paisibles, il fût d'usage de sacrifier la vertu et l'innocence du beau sexe aux vues intéressées des parens ou d'un tuteur? Un Hottentot qui se trouvoit alors dans ce canton, m'assura que, si quelqu'un de leur nation payoit aux parens d'une jeune fille un prix convenu, elle étoit obligée de coucher avec lui; mais que la loi défendoit expressément, et sans restriction, qu'une de leurs jeunes filles fût livrée entre les bras d'un Chrétien ou d'un blanc; fait dont on n'avoit jamais vu d'exemple. Le Hottentot ajoutoit que pour lui, il n'avoit encore formé aucune union de ce genre, attendu qu'une jouissance de deux, ou tout au plus trois nuits, lui auroit couté le prix d'une vache, et que bientôt après il se seroit repenti du marché.

Ce fut ce même Hottentot qui me raconta les particularités qu'on vient de lire, et qui me donna encore plusieurs anecdotes curieuses. Il me parut être un homme rassis et de bon sens; mon guide le connoissoit pour tel, et je crus devoir ajouter foi à ses récits. Il avoit été élevé dans un village près des Chrétiens, au service desquels il avoit toujours été. Avec le secours des Hottentots-Caffres, il avoit pris, et tenoit sous sa garde trois vieilles femmes *boshis* avec leurs enfans, dans l'intention de les conduire en esclavage chez son maître. Celui-ci lui avoit donné un fusil; mais le Hottentot n'avoit plus de poudre, et conséquemment il étoit aux expédiens pour se nourrir lui et ses captives. Je lui donnai un peu de poudre, considérant que, loin de servir à resserrer les chaînes de ces trois infortunées, ce petit cadeau pourroit contribuer à les rendre plus légères. Il me dit aussi qu'une de ces femmes l'avoit menacé de l'ensorceler; mais qu'il n'ajoutoit point foi à leurs sortilèges et qu'il méprisoit également leurs menaces et leurs mœurs sauvages.

Un Hottentot-Caffre qui l'avoit secondé dans la capture de ces trois femmes, avoit été blessé à l'épaule, d'une flèche empoisonnée ; mais on avoit sucé la blessure à l'instant même. L'enflure n'avoit pas mauvaise apparence; cependant l'homme étoit bien malade, et doutoit lui-même s'il en reviendroit. Il n'y mettoit autre chose que des feuilles pilées du *figuier-Hottentot*.

Les Hottentots-Caffres gardent aussi leur lait dans des sacs ; mais les terrines qui leur servent à le traire, sont d'une structure particulière. Elles sont faites de racines tressées ensemble d'une façon curieuse ; le tissu en est si serré, qu'elles peuvent contenir le lait et l'eau. Ces vases seroient aussi propres qu'ils sont légers, si les Hottentots ne négligeoient pas de les laver ; mais ils laissent le lait s'y incruster au point qu'on diroit qu'elles sont enduites d'un ciment. J'ai vu depuis de ces terrines neuves et très-propres, sur-tout une que j'ai rapportée, et qui, sans aucune espèce d'enduit, ne laissoit point du tout échapper l'eau. La plupart sont de la forme représentée tom. I, pl. I. fig. 1. Elles tiennent depuis trois jusqu'à seize pintes de Paris, et avec leur légèreté, elles ont l'avantage d'être assez pliantes.

Nulle vache de race Africaine, soit

qu'elle appartienne aux Colons ou aux Hottentots, ne se laisse jamais traire volontairement : on est obligé de leur attacher les pieds de derrière ; autrement elles ne manquent jamais de donner un coup de pied à celui qui les trait, ou de le planter là. Mon interprète me fit observer comme une rareté, qu'il n'étoit pas nécessaire d'attacher les vaches des Hottentots-Caffres (*).

Ces Hottentots, comme les *Gonaquas* et les Caffres, subissent l'opération de la circoncision, qu'on leur fait lorsqu'ils sont, comme ils disent, demi-hommes.

Le lendemain 11, nous fûmes réveillés par les chants et les danses des Hottentots : il paroît que ces réjouissances, signes, au moins extérieurs, de bonheur et de plaisir, sont les premiers et les derniers actes de leur journée. Nous allâmes les voir encore ;

(*) Je remarquai aussi que leurs vaches, attachées ou non, étoient pour la plupart très-attentives à observer si leur veau étoit avec elles, et qu'elles ne se laissoient traire qu'après qu'il avoit sucé le premier, un peu de lait. Les Hottentots-Caffres furent eux-mêmes jaloux de me faire observer une autre curiosité ; c'étoit la manière dont ils engagent une vache à se laisser traire, lorsqu'elle a mis bas un veau mort. L'artifice qu'ils emploient en cette occasion, est de tenir les narines de la vache dans la peau de son veau mort, au moment de la traire.

mais

mais nous crûmes prudent de revenir bientôt à notre chariot : car plusieurs d'entr'eux étoient venus nous rendre notre visite, et commençoient a devenir importuns, à force de nous demander du tabac. Je ne sais si je dois regarder comme une marque de leur grande simplicité, ou comme un compliment assez fin, la question qu'un de ces Hottentots me fit, par la voie de l'interprète : si mon chariot, le premier, disoit-il, qu'il eût vu, étoit sorti de terre, aussi beau, et en aussi bon état qu'il le voyoit.

1775.
Décemb.

Pour faire trève à leurs importunités et à leurs demandes réitérées de notre tabac, nous nous avisâmes de leur montrer nos montres. Je m'amusai même à leur persuader que je n'étois pas ignorant dans l'art de la magie : c'étoit par prudence et dans la vue de réprimer leurs desirs, que je voyois s'accroître insensiblement, et qui à la fin auroient pu les porter à quelque attentat hardi sur les ferrures ou quelque autre partie de notre chariot. Je leur dis donc, ainsi qu'à mes Hottentots, de prendre avec leurs doigts la moitié d'un peu de vif argent que j'avois avec moi. Ils firent nombre d'efforts, sans pouvoir diviser la bulle ; ce fut pour eux un sujet inépuisable

Tome II. P

de propos et de rire : alors, ayant eu soin de frotter mes doigts de suif, je pris le vif-argent, en détachai à l'instant deux ou trois bulles, et leur étonnement redoubla. Je n'oubliai pas non plus de leur faire voir les merveilleuses propriétés de l'aiguille aimantée de mon compas. Je me rappelle d'avoir lu quelque part le trait d'un général qui, en Amérique, voulant intimider les naturels et les contenir dans le devoir, mit en leur présence le feu à un peu d'eau-de-vie, qu'ils prenoient pour de l'eau, les menaçant de mettre de même le feu à leurs rivières, et de les brûler tous. Mais je n'eus pas besoin d'avoir recours à ces expédiens : car les miracles que j'avois déja opérés, leur avoient assez imposé. C'est de ces bâtards Caffres particulièrement, que j'appris les mots de cette langue, que l'on trouvera à la fin du tome III.

Dans les climats du nord, l'on porte des queues de renard, pour se garantir du froid : c'est ici que j'ai vu pour la première fois faire usage des queues du *jackal* ou renard d'Afrique, contre la chaleur. Ces Hottentots en essuient la sueur de leur visage, et les portent toujours avec eux, attachées à de petits bâtons. Après avoir contemplé autant que nous le jugeâmes à propos, les mœurs de cette race d'hommes, nous continuâmes notre route. Notre guide, qui pendant ce tems-là nous avoit quittés, tua un vieux buffle, maigre et couvert de poux (*). Nous fîmes un tour à l'endroit où il l'avoit laissé; nous chargeâmes notre chariot d'autant de viande qu'il put en porter, et abandonnâmes le reste aux Hottentots-Caffres, aux oiseaux de proie et aux hyènes.

Nous avançâmes tout le long de *Kurenoi-rivier*, dont l'eau étoit presque stagnante et saumâtre. Il nous fallut couper, pour nourrir nos chevaux cette nuit, les têtes et feuilles des roseaux qui croissoient dans ce petit ruisseau; quand la nuit vint, les loups, qui probablement avoient eventé la chair que nous portions dans le chariot, nous firent entendre par leurs hurlemens, qu'ils n'étoient pas loin de nous.

(*) Les poux que nous trouvâmes sur ce buffle étoient d'une espèce nouvelle. Voy. leur description et leur figure dans les *mém. sur les insectes*, tome VII.

CHAPITRE XI.

Suite du voyage, de la petite rivière de Zondags à celle des hommes-boshis.

1775.
Décemb.

Le 12, notre guide dirigea d'abord sa route à l'est, et ensuite au sud-ouest, sur un pays découvert, afin de pouvoir faire à midi rafraîchir nos animaux et trouver de l'eau. Nous ne trouvâmes qu'un *sourcin*, foulé par les pieds des buffles, et qui n'avoit point d'écoulement; mais à la distance d'une heure de chemin, nous rencontrâmes de meilleure eau, et nous résolûmes de passer la nuit aux environs, pour être plus à portée de poursuivre des buffles dès le matin. C'est l'heure où ils ont coutume de venir paître dans les plaines : dans la chaleur du jour ils se tiennent plus ordinairement dans les bois.

Il n'y avoit pas deux heures qu'il faisoit nuit, lorsque nous entendîmes le rugissement des lions, qui paroissoient être fort près de nous. C'étoit la première fois que j'entendois ce genre de musique; et, comme ils étoient plusieurs exécutans, on peut l'appeler un concert de lions. Ils continuèrent à rugir toute la nuit, d'où mon guide conclut qu'ils s'étoient assemblés dans la plaine, pour s'accoupler et faire l'amour en s'attaquant et se battant à la manière des chats.

Pour décrire le rugissement du lion du mieux qu'il m'est possible, je dirai au lecteur qu'il consiste en un son rauque, inarticulé, où l'on distingue quelque chose de creux et de profond, et un peu semblable au son qui sort d'un porte-voix. Le son est entre l'*u* et l'*o*, traîné en longueur, et paroît venir de sous terre. Je l'écoutai long-tems avec beaucoup d'attention, et je ne pus discerner exactement de quel côté il venoit. La voix du lion n'a pas la moindre ressemblance avec le tonnerre, comme l'affirme M. de Buffon, d'après l'autorité de Boullaye le Gouz (*). Il me parut dans le fait, qu'il n'étoit en lui-même, ni extrêmement perçant, ni particulièrement terrible; cependant sa note prolongée, jointe à l'obscurité et à l'idée qu'on se forme naturellement de cet animal, fait frissonner, lors même qu'on peut l'entendre, comme

---

(*) Voy. tome IX, page 22.

cela m'est arrivé dans la suite, avec plus de tranquillité et sans aucun sujet de crainte. Nous pouvions juger sûrement à l'état de nos animaux, quand les lions, soit en rugissant, soit en silence, venoient nous reconnoître à peu de distance : car alors nos chiens n'osoient aboyer, mais se tenoient serrés et blottis contre les Hottentots; nos bœufs et nos chevaux soupiroient profondément, reculoient à chaque instant, et tiroient de toutes leurs forces sur les épaisses courroies qui les attachoient au chariot; ils se jetoient à terre et se relevoient alternativement; ils paroissoient ne savoir que faire d'eux-mêmes, souffrans, je puis le dire sans exagération, comme s'ils avoient éprouvé l'agonie de la mort. Cependant mes Hottentots faisoient les dispositions nécessaires, et chacun d'eux tenoit sa javeline à son côté. Nous chargeâmes nos cinq pièces, dont trois furent distribuées à ceux de nos Hottentots qui parloient Hollandois.

Il est d'expérience, disent les Hottentots, que les feux sont une défense, et un puissant préservatif contre les lions et les autres animaux sauvages; cependant il arrive quelquefois, et ils pouvoient citer plusieurs exemples de ce fait, qu'au moment où ils se chauffent assis en rond, le lion s'élance sur le feu, attrape quelqu'un d'eux et s'enfuit; quelquefois aussi il a dévoré sa proie si près des autres Hottentots, qu'ils l'entendoient clairement mâcher la chair de leur malheureux compagnon. Comme nous étions placés dans le chariot, nos Hottentots nous prièrent de n'être pas trop prompts à tirer, si le lion venoit à sauter au milieu de l'enceinte qu'ils formoient, de crainte que dans l'obscurité, le coup ne portât sur quelqu'un d'eux. Ils avoient concerté ensemble qu'un certain nombre tâcheroient de le percer de leurs *hassagais* ou javelines, tandis que les autres chercheroient à s'accrocher aux jambes de l'animal.

Ils regardoient comme un fait avéré, et d'autres me l'ont confirmé depuis, qu'un lion ne tue jamais à l'instant même l'homme qu'il tient sous lui, à moins qu'il n'y soit excité par sa résistance; à la fin cependant, le royal brigand lui donne, dit-on, le coup de grace dans la poitrine, en poussant un rugissement épouvantable. Je dois à mes Hottentots la justice de dire qu'en cette circonstance ils ne donnèrent pas le moindre signe de frayeur, quoique, d'après une vieille notion, ils fussent bien persuadés que les lions, comme les tygres, attaqueront plutôt un esclave ou un Hottentot, qu'un Colon ou tout autre blanc. Nous avions donc, M. Immelman et moi, un peu moins à craindre pour notre vie, à moins que plusieurs lions à la fois ne vinssent nous attaquer, ou que, déchargeant nos mousquets avec trop de précipitation, il ne nous arrivât de tirer à côté : car alors le lion ne manque jamais de fondre sur le tireur. Cependant postés, comme nous l'étions, assez loin du feu, nous étions, sous un autre rapport, plus exposés à recevoir leur visite, ou au moins à les voir assaillir nos chevaux et nos bœufs, qui étoient tous attachés au chariot. J'aurois été bien aise, pour la singularité du spectacle, de voir un assaut de ce genre, s'il ne m'en eût coûté qu'un couple de mes bœufs; mais nos chevaux auroient été probablement la première proie du vorace animal : on dit qu'il leur donne toujours la préférence.

Dans le nombre de nos bœufs, nous en remarquâmes un, qui nous parut alors, et dans d'autres semblables occasions, plus inquiet et plus tourmenté que les autres. Il faisoit un bruit extraordinaire et intérieur, que je ne puis décrire. Un de nos chevaux, qui étoit entier, faisoit le même bourdonnement. C'étoit pour nous dans la suite un signal de nous tenir sur nos gardes; cependant nous fûmes bientôt accoutumés à ce bruit, et plusieurs fois nous descendîmes du chariot, et nous couchâmes tranquillement, laissant nos animaux soupirer, sans y faire attention.

C'est une grande merveille, de voir que la nature ait appris aux animaux à redouter ainsi le lion, et l'on ne peut douter que cette crainte ne soit chez eux un instinct purement naturel : car nos chevaux et nos bœufs avoient jusqu'alors vécu dans des endroits où je suis certain qu'ils n'avoient pu connoître ce terrible ennemi de leur espèce. Admirons la bonté de la providence, qui, lorsqu'elle a envoyé parmi les animaux un si redoutable tyran, leur a donné la faculté de le reconnoître et de le discerner, par le tremblement et l'horreur.

On croiroit que le rugissement du lion devroit être pour les animaux un utile avertissement de fuir promptement son approche; mais comme en rugissant il met, au dire de tout le monde, la gueule contre terre, sa voix se répand également tout autour de lui, sans qu'il soit possible, comme je l'ai déja dit, de distinguer de quel côté vient le son. Alors les animaux effrayés fuient çà et là dans l'obscurité, ne sachant quelle direction suivre; dans ce désordre, il peut aisément arriver que quelqu'un d'eux coure vers l'endroit même d'où part cette voix terrible dont ils cherchoient à s'éloigner.

Un écrivain, très-raisonnable sous d'autres rapports, dans son *Voyage à l'île de France*, etc. p. 63, assure qu'en Afrique on trouve des armées entières de lions; fait qu'il tient, dit-il, de trois personnes de considération, attachées au gouvernement, et dont il cite les noms.

Pour démontrer à l'auteur de ce voyage, à ceux qui l'ont informé, et à ceux qui l'ont cru, si quelqu'un à pu le croire, l'invraisemblance palpable de cette assertion, il suffit de considérer que pour alimenter une armée de lions, il faudroit une plus grande quantité de quadrupèdes, et de ce qu'ils nomment ici *gibier*, qu'on n'en trouveroit, je ne dis pas seulement en Afrique, mais dans le monde entier : nous pouvons en appeler à l'observation faite par les Indiens, et rapportée par Lafitau. « Il est heureux, disent-ils, que les « Portugais soient en petit nombre: car, avec

« un caractère aussi cruel, ils sont pour
« nous, ce que sont les tygres et les lions
« pour le reste des animaux : autrement,
« ils auroient bientôt exterminé jusqu'au
« dernier de nous-autres hommes ».

1775.
Décemb.

Quant aux témoignages de ces trois personnes de considération, je crois pouvoir sans offenser, contredire une assertion, lorsqu'elle contredit la raison : d'ailleurs, il est de fait, que, dans les Indes orientales, la connoissance de la vérité, et le talent de la bien voir, ne sont pas toujours inséparables de l'autorité. J'ai entendu moi-même un homme, membre du Conseil du Cap, raconter à des étrangers les absurdités les plus ridicules sur le pays qu'il habitoit. Les contes de ce genre proviennent souvent de fermiers ou paysans, qui venant de loin, trouvent leur compte à amuser leurs commandans par des historiettes plaisantes. Ils les fabriquent en chemin; et plus elles sont merveilleuses, plus elles sont reçues avec avidité. Une autre source de ces faux rapports est dans le penchant dépravé qu'ont tous les hommes à s'amuser de la bonne foi des gens simples et crédules. En admettant qu'il soit vrai que les Romains introduisoient dans leurs spectacles publics un grand nombre de lions, qu'ils pouvoient en effet rassembler des vastes étendues de pays dont ils étoient possesseurs en Afrique et en Asie; cependant on ne peut jamais en conclure, sans blesser la vraisemblance et la vérité, qu'on en trouvât des armées dans ces contrées, où seulement ils existent, suivant l'expression bien plus juste et bien plus vraisemblable de M. de Buffon.

Ce que dit un écrivain moderne, l'abbé de Manet, dans sa description de la partie septentrionale d'Afrique, que la même espèce de lion qu'on y trouve, est aussi en Amérique, nous paroît une assertion précipitée, qui n'a été confirmée ni par l'autorité d'autres voyageurs, ni par sa propre expérience. Le témoignage de cet auteur est plus croyable, lorsqu'il dit que dans le nord de l'Afrique, les Nègres prennent les lions dans des fosses; mais qu'ils n'osent rien manger de leur chair, craignant que les autres lions ne viennent user sur eux de représailles. Cependant je n'ai point trouvé cette superstition dans les Hottentots, ni dans les autres habitans de ces parties méridionales. Ils me dirent au contraire, qu'ils mangeoient fort bien la chair des lions, qu'ils la trouvoient fort bonne et fort saine.

Je tiens aussi des Hottentots, qu'autrefois les lions aussi bien que les hyènes, beaucoup plus hardis qu'ils ne sont à présent, venoient les chercher jusque dans leurs chaumières ; que leurs pères étoient obligés d'attacher des planches dans le haut des arbres, pour pouvoir se coucher et dormir ; précaution qui les mettoit à l'abri de la surprise, et leur donnoit la faculté de se défendre, si ces animaux venoient les attaquer ; enfin qu'un lion, lorsqu'il avoit une fois goûté de la chair humaine, ne veut plus, s'il peut s'en dispenser, en manger d'autre.

1775.
Décemb

Ainsi les Hottentots ne pouvoient désavouer qu'ils devoient au secours et aux armes à feu des Chrétiens, d'être aujourd'hui moins exposés aux ravages de cet animal ; mais je fus à mon tour obligé de convenir avec eux, que les Colons étoient pour eux un plus grand fléau que toutes les bêtes féroces réunies : puisque la nation Hottentote se voyoit maintenant bien plus resserrée dans ses possessions, et que leur nombre étoit beaucoup diminué.

Aujourd'hui du moins, le lion n'attaque jamais aucun animal, qu'il ne soit provoqué ou affamé. Dans ce dernier cas, il ne craint, dit-on, aucun danger, et nulle résistance ne peut l'arrêter. La manière dont il saisit sa proie, est presque toujours de s'élancer sur elle, par un grand saut, de l'endroit où il se tenoit caché. Si par hasard il manque son but, tous les Hottentots s'accordent à dire qu'il ne vas pas plus loin; il laisse l'animal se sauver sans le poursuivre, et lui, revient, comme honteux, vers le lieu de son embuscade, lentement, pas à pas, et semble mesurer l'exacte distance entre les deux points, pour s'assurer de combien son saut a été trop long ou trop court (*). On rapporte cependant, qu'un de ces animaux a été vu poursuivant avec ardeur un *élan-gazelle* ; mais on ignore quelle fut la fin de cette chasse.

C'est particulièrement près des rivières et des ruisseaux, que le lion se poste à l'affût : tout animal, forcé de venir s'y désaltérer, est en danger, *tanquàm canis ad nilum*, de devenir la victime de ce tyran sanguinaire.

(*) « Un fait étonnant, c'est que les renards en Europe, « lorsqu'ils ont sauté en deçà, et que leur proie leur a « échappé, mesurent, comme le lion, la longueur de leur « saut. » *Hist. nouv. de l'univers* de M. Collon, tome IV, page 20.

AU CAP DE BONNE-ESPÉRANCE. 239

1775.
Décemb.

Il sembleroit que l'odeur dont mes bœufs et mes chevaux étoient si fortement affectés, devroit avertir du danger les gazelles et autres semblables animaux. J'ignore comment la chose arrive : il est possible que le lion, comme les chasseurs de ce pays, sache choisir le lieu où il se cache, de manière que le vent, chassant les exhalaisons de son corps, en dérobe l'odeur aux animaux qu'il attend.

D'après l'exemple des autres voyageurs, nous ne manquions jamais de faire claquer fortement notre grand fouet de chariot, toutes les fois que nous avions une rivière à passer : ce bruit, plus retentissant dans l'air qu'un coup de pistolet, et qui s'entend de plus loin, est, à ce qu'on prétend, un très-bon moyen d'écarter les bêtes féroces. Il semble donc que ces grands fouets aient aussi contribué à les intimider.

Quoique le lion saute le plus ordinairement sur sa proie, il est probable que ce n'est pas la seule manière qu'il connoisse de s'en emparer. Peu de tems après mon arrivée au Cap, j'entendis parler d'une femme mariée, demeurant quelque part dans le pays *Carrow :* elle fut, disoit-on, tuée à la porte même de sa maison, par un

1775.
Décemb.

lion, qui lui mangea la main ; mais d'autres personnes attribuoient sa mort à une autre cause. Plusieurs fermiers m'ont rapporté l'anecdote suivante, comme arrivée récemment à *Camdebo*.

Un fermier à cheval et conduisant avec lui un autre cheval de main, rencontra un lion posté sur le grand chemin même par où il devoit passer. A cette vue, le fermier crut devoir retourner sur ses pas ; mais un moment après il apperçut de nouveau le lion, qui après avoir fait un détour, étoit revenu l'attendre encore sur le chemin ; et soit que le voyageur avançât ou reculât, il retrouvoit ainsi son ennemi alternativement sur son passage. Comment il s'en délivra, si ce fut, ou non, par l'arrivée de quelques autres voyageurs, c'est ce que je ne puis me rappeler, ayant oublié de prendre note de cette aventure. Il est possible aussi que je n'aie pas cru assez dignes de foi ceux qui me l'ont racontée. Je crois celle qu'on va lire, plus authentique, et propre à prouver que la ruse et la poltronnerie entrent dans le caractère du lion.

Un vieux Hottentot, qui servoit chez un Chrétien, vers le haut de *Zondagsrivier*, à côté de *Camdebo*, apperçut un lion

lion qui le suivoit de loin depuis une heure ou deux. Il conjectura naturellement que l'animal n'attendoit pour le dévorer, que l'heure ordinaire de son souper ou l'approche de la nuit. Le Hottentot ne voyoit guère moyen de s'en défendre, n'ayant d'autre arme qu'un bâton, et sachant bien qu'il ne pourroit jamais gagner son logis avant la fin du jour; mais comme il lui restoit encore du loisir pour ruminer dans sa tête sur le genre de trépas qui l'attendoit infailliblement, il lui vint à l'esprit un expédient pour sauver sa vie. Il dut cette ressource à ses méditations sérieuses sur la mort, et aux connoissances qu'il avoit sur la nature du lion, ses habitudes, et sa manière de sauter sur sa proie. Au lieu de suivre son chemin droit pour arriver chez lui, il chercha tout autour de lui un *klipkrans*; c'est ainsi qu'ils appellent un rocher dont le sommet est d'un côté uni et de niveau avec le sol, et de l'autre, taillé en précipice. Dès qu'il en eut trouvé un, il s'arrêta et s'assit sur le bord. Il vit avec joie que le lion s'étoit aussi arrêté, et se tenoit toujours à la même distance. Dès qu'il commença à faire nuit, le Hottentot se laissa glisser un peu en avant, et descendit au dessous du bord supérieur du précipice, sur quelque partie prominente ou dans quelque fente du rocher; mais pour mieux amorcer le lion, il plaça sur le bâton qu'il avoit, son chapeau et son manteau, et commença à remuer doucement cette espèce de mannequin au dessus de sa tête. Cet artifice eut tout le succès qu'il desiroit : il ne resta pas long-tems dans cette attitude sans entendre arriver le lion, se glissant en tapinois comme un chat, et qui, croyant voir dans le manteau de peau, le Hottentot même, prit son élan avec tant de précision et de justesse, qu'il tomba la tête la première dans le précipice. Alors le Hottentot, triomphant et sautant de joie, l'appela, dit-on, *t'katsi, t'katsi*; interjection d'une signification fort étendue, et qui renferme seule un million d'injures.

Ce n'est pas le seul exemple qu'on rapporte en Afrique, de lions pris à des piéges. Lorsque dans les maisons les plus écartées des fermes ou dans les terrains incultes qui les environnent, on s'est apperçu qu'un lion est venu guetter quelque animal qu'il a manqué, ou lorsqu'on a quelque autre raison de l'attendre, on place une figure d'homme près de quelques fusils disposés de manière qu'ils se déchargent au corps de l'animal, à l'instant où il se précipite sur le mannequin. Comme cette méthode est aussi facile que sûre, et qu'ils sont peu jaloux de prendre les lions vivans, les Colons se donnent rarement la peine de leur tendre des trébuchets avec des fosses.

De tous les récits que j'ai pu réunir, et de tout ce que j'ai vu moi-même, je crois pouvoir conclure que le lion est souvent un grand poltron, c'est-à-dire, que, vu sa force, il manque de courage ; d'un autre côté cependant, il montre souvent aussi une intrépidité extraordinaire. J'en vais citer un exemple, tel qu'il m'a été rapporté.

Un lion avoit pénétré à travers les barreaux d'une porte, dans un enclos muré où le bétail étoit enfermé, et y avoit fait de grands ravages. Les gens de la ferme se doutant bien qu'il reviendroit encore par la même voie, hérissèrent l'entrée de fusils chargés, auxquels répondoit une corde tendue qui traversoit la porte, bien persuadés qu'il ne pourroit entrer sans la déranger ; mais le lion vint un peu avant la nuit. Il eut probablement quelques soupçons sur cette corde, la sonda du pied, et sans montrer la moindre frayeur de l'artillerie qui ronfloit à ses oreilles, entra avec assurance, et dévora la proie qu'il avoit laissée la veille.

M. de Buffon dit, sur l'autorité de Marmol et de Thevenot (*), que dans les parties les plus cultivées et les plus habitées de la Barbarie et de l'Inde, où les lions sont plus accoutumés à sentir la supériorité de l'homme, quelques coups de bâton donnés par des femmes ou même par des enfans, suffisent pour leur faire lâcher leur proie. Cette assertion s'accorde avec plusieurs récits que j'ai entendu faire au Cap, d'esclaves qui avec un couteau ou quelque autre arme moins conséquente encore, avoient osé défendre les bestiaux de leur maître, attaqués dans la nuit par un lion.

J'ai déja dit que lorsqu'un lion tient sous lui une victime, il attend ordinairement quelque tems avant de lui donner le coup fatal; quelquefois aussi il se contente, quoique provoqué, de la blesser; mais plusieurs personnes m'ont assuré que si c'est une bête, il la tue toujours à l'instant même. Un fermier qui, l'année précédente, avoit vu lui-même un lion saisir deux de ses

---

(*) Hist. nat. tome IX, page 7.

bœufs ; comme il venoit de les dételer, me dit qu'aussitôt ils tombèrent morts sur la place l'un auprès de l'autre. En examinant après leurs squelettes, il lui parut que le lion n'avoit fait que leur briser l'épine du dos.

1775.
Décemb.

Dans plusieurs endroits où je passai, on me raconta une anecdote d'un père et de ses deux fils, qu'on disoit encore vivans, et dont on me cita le nom. Etant allés à pied tous les trois, près d'une rivière sur un terrain qui leur appartenoit, à la poursuite d'un lion ; celui-ci se précipita sur eux tout-à-coup, et en mit un sous ses pieds ; les autres eurent le tems de tirer sur l'animal, et de le tuer sur la place. Le jeune homme se trouva pris en travers sous le lion, et lorsque son père et son frère l'en eurent retiré avec inquiétude, ils trouvèrent à leur grande joie, qu'il n'avoit aucun mal.

J'ai vu vers le haut de la rivière de *Huyven-hoek*, un vieux Hottentot qui portoit sous un de ses yeux, et au dessous de la mâchoire, les marques terribles de la morsure d'un lion. La blessure étoit encore ouverte : comme son maître, que j'ai aussi connu, et avec lui plusieurs autres Chrétiens, le chassoient avec beaucoup d'intrépidité, quoique sans succès, l'animal dédai-

Q iij

gna d'infliger au Hottentot d'autre châtiment que cette morsure. On parloit souvent dans ce canton, d'un fermier nommé *Bota*, capitaine de milice, lequel avoit été couché pendant un certain tems sous un lion, qui lui fit quelques meurtrissures et une profonde morsure au bras, comme pour lui laisser de lui un durable souvenir, mais qui finit par lui faire généreusement don de la vie. Cet homme, disoit-on, vivoit encore dans le district d'*Artaquas-kloof*.

Je ne sais trop comment expliquer cette disposition miséricordieuse du lion envers l'espèce humaine. Seroit-ce qu'il a plus de vénération pour l'homme, comme étant, ainsi que lui, le tyran des animaux? Ou seroit-ce purement l'effet du même caprice qui l'a quelquefois porté, non seulement à épargner la vie des hommes ou des animaux abandonnés à sa voracité, mais même à les caresser et à les traiter avec bonté? Ce sont sans doute ces procédés capricieux qui ont acquis au lion sa réputation de générosité; mais je ne puis souffrir que ce beau nom, consacré à la vertu, soit prostitué à une bête féroce. De malheureux esclaves, des ames abâtardies ont coutume de flatter de ce titre la vanité de leur plus cruel despote; mais des hommes peuvent-ils raisonnablement le donner à ce tyran des quadrupèdes, parce qu'il n'est pas dans toutes les occasions également cruel ?

1775.
Décemb.

Si le lion ne tue pas, comme le loup, le tigre, etc. tout le gibier ou le bétail qu'il rencontre, c'est peut-être que le reste s'enfuit tandis qu'il attaque un ou deux animaux, et que, retenu par son indolence naturelle, il ne veut pas se donner la peine de les poursuivre. Si cela s'appelle générosité, on peut dire que le chat est généreux envers les rats. J'ai vu souvent ce petit lion, au milieu d'une troupe effrayée, dans laquelle il eût pu faire un dégât terrible, saisir une seule souris, et s'enfuir avec elle. Le lion et le chat ont encore entre eux diverses autres ressemblances : une sur-tout, est de dormir, et de passer la plus grande partie de leur vie dans un état de quiétude et d'inaction, tant que la faim ne les presse pas de chercher proie.

L'on conclura de ce que je viens de dire, et de ce que je vais rapporter encore, que le caractère du lion n'est point la magnanimité, comme on l'a prétendu, mais une couardise insidieuse, mêlée d'un certain or-

Q iv

gueil ; et que la faim a sur lui son effet naturel. Il n'est pas étonnant qu'agile et fort comme il est, la faim lui inspire quelquefois le courage et l'intrépidité : mais, accoutumé à tuer lui-même sa nourriture, ce qu'il fait avec une extrême facilité, sans aucune résistance, puisqu'il n'en rencontre jamais, il est impossible qu'il ne soit pas irritable et facile à provoquer ; accoutumé à la dévorer fumante et baignée dans le sang, il est impossible que son humeur ne se tourne pas plutôt à la cruauté qu'à la générosité ; mais aussi lorsqu'on lui résiste, il n'est pas étonnant qu'il se montre quelquefois lâche, baisse l'oreille, et qu'il se laisse alors chasser qu'il à coups de bâton. Je vais rapporter un exemple de ce fait.

Un riche paysan, homme d'une véracité reconnue, Jacob *Kok* de *Zeekoe-rivier*, me raconta ainsi l'aventure ; j'emploie ses propres termes. Se promenant un jour sur ses terres, avec son fusil chargé, il apperçut tout-à-coup un lion assez près de lui. Comme il étoit excellent tireur, il se crut, dans la position où il étoit, assuré de le tuer, et fit feu : malheureusement il ne se rappela pas que le fusil étoit chargé depuis quelque tems, et que la poudre étoit humide. L'arme fit long feu, et la balle entra dans la terre à côté du lion. Le fermier saisi d'effroi, s'enfuit au plus vîte ; mais bientôt hors d'haleine et se sentant suivi de près, il sauta sur un petit monceau de pierres, et fit volte-face, présentant à son adversaire le gros bout de son fusil, et résolu de défendre sa vie jusqu'à la dernière extrémité. M. *Kok*, ne savoit au juste si ce fut, ou non, cette attitude et son air d'assurance qui intimidèrent le lion ; quoi qu'il en soit, l'animal s'arrêta court, et s'assit à quelques pas de distance du tas de pierres, d'un air en apparence fort tranquille. Cependant le chasseur n'osoit bouger de la place ; d'ailleurs il avoit perdu en courant sa poire à poudre. Enfin après une bonne demi-heure d'attente, le lion se leva, s'en alla lentement et comme à la dérobée ; et dès qu'il fut plus loin, il commença à bondir et à fuir à toutes jambes.

1775.
Décemb.

Il est très-probable que le lion, comme l'hiène, n'avancera guère contre toute personne qui l'attendra en face. Il n'évente point sa proie à l'odeur, et il ne chasse presque jamais ouvertement les autres animaux ; au moins, on ne l'a vu courir après un animal, qu'une seule fois ; c'étoit lorsqu'il poursuivoit *l'élan-gazelle* dont j'ai déja parlé, et peut-être étoit-ce une faim insupportable qui le forçoit à cet expédient extraordinaire. Le lion a cependant le pied léger. Deux chasseurs m'ont dit avoir vu un de leurs compagnons poursuivi de près, et sur le point d'être renversé par un de ces animaux, quoiqu'il fût monté sur un excellent chasseur.

La force du lion est extraordinaire. On l'a vu une fois au Cap, prendre à sa gueule une genisse, et l'emporter les pieds traînans, avec autant de facilité qu'un chat emporte une souris : il sauta, sans la moindre difficulté, un fossé avec elle. Je ne sais s'il porteroit de cette manière un buffle, qui indépendamment de sa force et de son poids, seroit peut-être aussi trop embarrassant. Je tiens de deux fermiers le trait qui suit.

« Etant à la chasse près de la rivière des hommes *Boshis*, avec plusieurs Hottentots, ils apperçurent un lion qui traînoit un buffle, de la plaine où il l'avoit saisi, à un monticule voisin, couvert de bois. Ils forcèrent bientôt le lion à quitter sa proie, pour en faire eux-mêmes la leur. Ils trouvèrent que l'animal avoit eu la sagacité d'arracher du corps du buffle ses larges et pesantes entrailles, pour pouvoir traîner plus aisément les parties charnues, et tout ce qui est mangeable dans ce grand corps. Cependant le lion, voyant que les Hottentots emportoient au chariot de leur maître les lambeaux de la chair du buffle, venoit et revenoit souvent sur le bord du bois, les guetter et les regarder, sans doute de fort mauvais œil ».

Toute la force du lion n'est pas suffisante, dit-on, pour triompher seule d'un animal aussi grand et aussi fort que le buffle: il est obligé, pour en faire sa proie, d'employer l'agilité et la ruse. Il saute sur lui, s'attache avec ses deux griffes aux narines et au mufle de l'animal, les pressant fortement, jusqu'à ce qu'à la fin le buffle fatigué, suffoqué, tombe et meure. Un Colon avoit vu une attaque de ce genre; d'autres ont eu lieu de croire à la vérité de son rapport, en trouvant des trous d'ongles empreints autour des narines de plusieurs buffles qui avoient échappé à la dent du lion. Cependant celui-ci risque sa vie dans ces attaques, sur-tout si quelque autre buffle est à portée de secourir son camarade. Un voyageur avoit vu un buffle femelle avec son veau, adossée à une rivière qui la défendoit par derrière, tenir pendant longtems en échec cinq lions, qui l'avoient entourée, sans qu'aucun osât l'assaillir. Je tiens de bonne part, qu'un lion a été heurté, blessé et foulé aux pieds jusqu'à mort, par un troupeau de bétail, que, pressé sans doute par la faim, il avoit osé attaquer en plein jour.

Dans le jour et en pleine campagne, douze ou quinze dogues viendront aisément à bout de réduire un fort lion; il n'est pas même nécessaire, comme le croit M. de Buffon, que ces chiens soient de grande taille et aguerris; les chiens ordinaires des fermiers s'en acquittent à merveille. Lorsque le lion voit qu'ils commencent à l'approcher, par orgueil, il ne va pas plus loin; il s'assied et les attend : alors les chiens l'entourent, et fondant sur lui tous à la fois, ils l'ont presque en un moment déchiré en pièces. Ils lui laissent rarement le tems de donner, en passant, plus de deux ou trois coups de griffes, dont chacun est une mort certaine et prompte pour deux ou trois des assaillans. M. de Buffon assure encore qu'on peut chasser le lion à cheval; mais que les chevaux doivent être aussi aguerris. Ce savant naturaliste le conjecture : du moins il ne cite point ses auteurs sur ce point. En Afrique, les Colons chassent le lion avec leurs chevaux de chasse ordinaires, et je ne sais trop comment ils pourroient aguerrir des chevaux exprès pour la chasse du lion.

1775. Décemb.

Dans une bataille ou dans quelque autre entreprise périlleuse, les chevaux se laissent alors, dit-on, plus volontiers caparaçonner et parer par leurs écuyers. J'ai cru m'appercevoir que la remarque étoit également vraie par rapport aux chevaux d'Afrique : c'étoit, il est vrai, à l'occasion d'expéditions moins dangereuses, lorsqu'il s'agissoit de chasser un buffle ou un rhinocéros; mais alors j'ai cru remarquer qu'ils passoient les rivières avec plus de vivacité, montoient et descendoient plus lestement les endroits montueux, et même les précipices. Nos chevaux, les mêmes qui avoient montré plusieurs fois tant de trouble lorsqu'ils sentoient quelque lion dans le voisinage, et qui n'étoient point du tout dressés à la chasse, mirent un jour autant d'ardeur à poursuivre deux gros lions, qu'ils en avoient mis dans d'autres occasions à chasser de timides gazelles. Les chevaux de chasse doivent prendre encore plus de part au plaisir de leur maître. Je me rappelle sur-tout, d'avoir monté à *Agter Brunt-*

jes-hoogte, un cheval qui, par le frémissement qui se faisoit au dedans de lui, par ses sauts, ses cabrioles et la manière dont ses oreilles se dressoient, annonçoit visiblement sa passion pour la chasse, et son ravissement lorsqu'il appercevoit quelque gros gibier. On a vu même plusieurs exemples de chevaux de chasse qui, lorsque le chasseur avoit mis pied à terre pour tirer son coup de fusil, et qu'il avoit tiré à faux, ne lui donnoient pas le tems de remonter, mais couroient seuls des heures entières après le gibier, le suivant de très-près dans tous ses tours et détours.

La chasse du lion, à cheval, se fait à-peu-près de la même manière que celle de l'éléphant, mais avec quelques particularités jusqu'à présent inconnues, dont il ne sera peut-être pas inutile de donner ici la description, dussé-je encourir le reproche d'entrer dans des détails minutieux. J'ose espérer cependant l'indulgence de mes lecteurs, dans un sujet si abondant et si extraordinaire; sur-tout de ceux qui aiment la chasse, et qui savent par eux-mêmes avec quelle satisfaction ils ont coutume de raconter, de la manière la plus circonstanciée, les allées et les venues d'un pauvre lièvre timide et sans défense.

Ce n'est que dans les plaines que les chasseurs osent aller à cheval chercher le lion. Ils vont plus ordinairement deux ou trois ensemble, afin de pouvoir se secourir l'un l'autre, en cas que le premier ou le second coup de fusil soit sans effet. Si le lion se tient dans quelque bois ou taillis dont le terrain aille en montant, ils envoient des chiens le harceler, jusqu'à ce qu'il en sorte.

1775.
Décemb.

Lorsque l'animal voit les chasseurs encore éloignés, tout le monde s'accorde à dire qu'il fuit à toutes jambes jusqu'à ce qu'il soit à perte de vue; si, au contraire, il les apperçoit près de lui, il se promène alors d'un air sombre, sans apparence de trouble ni de précipitation. On diroit qu'il regarde comme au dessous de lui de montrer quelque crainte. On rapporte aussi qu'une poursuite vigoureuse des chevaux provoque bientôt sa résistance, ou du moins qu'il dédaigne de fuir plus long-tems. Il ralentit son pas, et bientôt il ne fait plus que poser lentement un pied devant l'autre, ne cessant de regarder de côté ceux qui le poursuivent. Enfin il s'arrête, et jetant un regard tout autour de lui, il se donne à lui-même une secousse, et pousse un rugissement court et aigu, qui annonce son indignation, et qu'il

1775.
Décemb.

est prêt à fondre sur les chasseurs et à les déchirer en pièces. C'est alors l'instant précis où ceux-ci doivent être à leur poste, ou bien s'écarter promptement à une certaine distance, sans cependant trop s'éloigner les uns des autres. Celui qui se trouve le plus près ou le plus avantageusement posté pour ajuster le lion au cœur, doit le premier descendre de cheval: il a soin de s'assurer de la bride en la passant autour de son bras, et il fait feu. Alors se remettant promptement en selle, il fait aller son cheval obliquement, en traversant entre ses deux compagnons. Si par hasard il n'a fait que blesser l'animal, ou s'il l'a tout-à-fait manqué, il doit lâcher au plutôt la bride à son cheval, et se soustraire par la fuite à la fureur de l'animal sauvage; mais dans ce cas, un des autres trouve toujours l'occasion favorable de mettre aussi pied à terre et d'ajuster son coup avec plus de sang-froid et de certitude. S'il le manque aussi, ce qui arrive très-rarement, le troisième court après le lion, qui poursuit alors le premier ou le second tireur; et lorsqu'il le tient à portée, et qu'il voit jour à le tirer obliquement, position la plus favorable quand l'animal tourne le dos, il lui lâche son

son coup de fusil. Enfin si ce troisième le manque, et que l'animal se retourne sur lui, alors les deux autres qui, tout en fuyant, ont eu le tems de recharger leurs armes, reviennent promptement à son secours.

On n'a jamais ouï dire que quelqu'un ait péri en chassant le lion à cheval. Les Colons qui sont nés dans les parties les plus reculées de l'Afrique, ou qui ont eu le courage d'aller les habiter, plus exposés aux ravages des bêtes féroces, sont aussi la plupart de courageux et excellens tireurs. Le lion qui a la hardiesse de venir s'emparer de leur bétail, leur propriété la plus précieuse, quelquefois à leur porte, est pour eux un ennemi aussi odieux que nuisible. Ils sont donc toujours empressés de l'aller chercher; ils le chassent avec ardeur et avec joie, dans la vue d'en exterminer la race. Lorsqu'il vient sur leurs terres, c'est comme s'ils alloient combattre *pro aris et focis*. Des paysans *d'Agter Bruntjes hoögte*, avec qui j'allois chasser, n'aspiroient qu'à rencontrer des lions, sans jamais parler du danger de les tirer. Ce qui annonce que, quant à cet article, ils étoient bien sûrs de leur main.

Le lion n'est nullement difficile à tuer

Tome II. R

avec des armes à feu. Des personnes qui en avoient tiré plus d'un, m'ont assuré que les buffles et les grandes espèces de gazelles prendront quelquefois fort lestement la fuite et se sauveront avec une balle dans le ventre : j'ai vu moi-même plusieurs exemples de ce fait; mais le lion blessé d'un coup de feu à cette partie, se met aussitôt à vomir, et ne peut plus courir. Il est pourtant naturel de croire qu'un coup de mousquet bien dirigé suffira pour tuer le lion, l'éléphant, et tout autre animal. Il semble donc étonnant qu'après avoir admis que la peau du lion ne peut résister à une balle ou à un dard, M. de Buffon assure que le lion n'est presque jamais tué d'un seul coup.

Les peaux de lion sont, à ce qu'on prétend, inférieures aux peaux de bœuf, et plus sujettes à se pourrir. On les emploie rarement au Cap, de même que les peaux de cheval, excepté pour quelques usages particuliers. J'ai cependant trouvé un fermier qui s'en servoit pour des dessus de souliers, et les disoit fort pliantes et de durée.

Le lendemain matin (le 13), nous fûmes assez heureux pour tuer un buffle plus gras que le premier. Ce fut pour mes Hottentots, et même pour moi, un très-grand régal;

AU CAP DE BONNE-ESPÉRANCE. 259

car, outre que la chair de l'autre étoit d'une mauvaise qualité, elle avoit déja contracté un peu de putridité par la chaleur de l'air. J'eus alors une meilleure occasion de décrire cet animal presque inconnu (V. pl. II, tom. III.), et même d'en tirer un dessin grossier. Aussitôt après le bruit du coup de feu, nous vîmes le buffle tomber sur ses genoux; il se releva cependant, et courut encore l'espace de sept à huit cents pas, jusque dans une touffe d'arbres; mais dès qu'il y fut entré, un meuglement affreux nous annonça que c'étoit fait de lui. Ces circonstances réunies formoient un spectacle fait pour plaire à tout chasseur.

1775.
Décemb.

Ce fut notre Hottentot *Plattje* qui tira ce buffle, et la plupart du gros gibier que nous tuâmes; c'est, comme on se rappelle, le Hottentot que mon hôte de *Zeekoe-rivier* avoit envoyé avec moi pour me servir de guide. Les fermiers, ceux même qui sont les meilleurs chasseurs, sont obligés la plupart de se servir de Hottentots, qu'ils apostent dans les buissons. Leurs peaux de mouton excitent moins l'attention des animaux sauvages que les habits des Chrétiens. Ils savent d'ailleurs aller pieds nus au besoin, et se traîner ventre à terre jusqu'à ce qu'ils soient à

R ij

portée de tirer la bête; et lorsque le buffle est irrité, plus exercés à la course que les Chrétiens, ils se sauvent plus aisément.

Ce fut au grand mécontentement de mes Hottentots, que je voulus dessiner à ma manière le buffle tué, et en prendre les dimensions; opération qui traversoit leur desir de se jeter sur la chair. Dès que j'eus fini, ils ne différèrent pas un instant à en couper des tranches et à les faire rôtir. Ils mirent aussi sur le feu, deux os à moëlle, après quoi ils le vidèrent. Les entrailles du buffle ressemblent parfaitement à celles du bœuf. Cependant les premières sont beaucoup plus larges et tiennent plus de place, et ce ne fut pas sans peine que nous parvînmes à les arracher du corps. L'animal avoit trois bons pieds de diamètre. (*)

(*) Voici les dimensions de ce buffle. Longueur, huit pieds; hauteur; cinq pieds et demi. Les jambes avoient deux pieds et demi de long; les grands sabots avoient au dessus de cinq pouces; de l'extrémité du mufle aux cornes, vingt-deux pouces. Cet animal ressemble beaucoup, pour la forme, à un bœuf (Voy. pl. II, tome III.), mais tous ses membres sont beaucoup plus robustes, relativement à sa hauteur et à sa longueur. Le fanon pend aussi plus bas. Les cornes sont singulières, tant dans leur forme que dans leur position: leurs bases sont larges de treize pouces, et ne sont qu'à un pouce de distance l'une de l'autre. Par ce moyen, elles forment, à l'intervalle qui les sépare, un petit canal étroit où

Les oreilles du buffle sont entaillées aux bords, et froncées en différens sens, ce qui provient probablement des blessures qu'ils

1775.
Décemb.

cannelure dégarnie de poils. En les mesurant de cette cannelure, elles s'élèvent dans une forme sphérique, à la hauteur de trois pouces tout au plus. Elles s'étendent ainsi sur une grande partie de la tête, c'est-à-dire, depuis la nuque jusqu'à trois pouces et demi de distance des yeux, ensorte que la partie d'où elles naissent occupe un espace au moins de dix-huit ou vingt pouces de circonférence. Delà se courbant en bas, des deux côtés du cou, et devenant par degrés plus cylindriques, chacune d'elles forme une courbe, dont la partie convexe est vers la terre, et la pointe en l'air. Cette pointe est cependant un peu inclinée en arrière. La distance d'une pointe des cornes à l'autre, est ordinairement de plus de cinq pieds. Elles sont noires; leur surface à l'intérieur, dans le tiers environ de leur longueur, mesuré de la base, est très-rude et raboteuse. On y voit des cavités quelquefois d'un pouce de profondeur. Ces cavités et les élévations qui les séparent, paroissent n'être point accidentelles; car on trouve dans tous les buffles des excroissances à cet endroit, quoiqu'elles ne soient pas, dans tous, également conformées. Les oreilles avoient un pied de long, étoient un peu pendantes et couvertes, et défendues en grande partie par les cornes à l'endroit où elles s'abaissent le plus.

Les poils du buffle sont d'un brun foncé, longs à-peu-près d'un pouce, durs, et, sur les mâles avancés en âge, fort serrés, sur-tout aux côtés du ventre, vers le milieu du corps. De loin, on croiroit qu'en cet endroit ils sont entourés d'une espèce de ceinture; et ce qui contribue encore à cette illusion, c'est la coutume qu'ont les buffles de se vautrer dans la fange. Les poils des genoux sont, dans la plupart des buffles, un peu plus longs que ceux du reste du corps, et sont roulés sur eux-mêmes. Les yeux sont un peu enfoncés dans leurs orbites, qui s'avancent.

R iij

1775.
Décemb.

reçoivent dans les combats qu'ils se livrent entre eux, ou des déchirures qu'ils se font en passant à travers les buissons et les touffes d'épines les plus impénétrables, ou de quelques autres accidens semblables. Ces déchirures ont servi de texte à une fable en vogue chez beaucoup de Hottentots. Ils croient que les buffles appartiennent à des êtres surnaturels qui les marquent ainsi comme leur bétail. Lorsque je leur demandai le nom de ces êtres surnaturels, ils mêlèrent dans leur réponse le mot de *duyvel*, qui signifie *le diable*.

L'œil enfoncé du buffle, et placé près des cornes, qui s'abaissent un peu sur ses oreilles pendillantes, sa coutume de tenir sa tête penchée d'un côté, lui donnent un aspect féroce et traître. Le caractère de l'animal semble répondre à son apparence. On peut le nommer traître : car il a coutume de se cacher parmi les arbres, et de s'y tenir tapi jusqu'à ce que quelque animal ou homme passe à côté de lui ; alors il sort tout-à-coup, et quelquefois les attaque. Il mérite aussi le nom de féroce et de cruel: car non content de renverser et de tuer l'homme ou l'animal, il monte sur son corps, le foule sous ses pieds, le froisse de ses genoux, le déchire de ses cornes et de ses dents, et le dépouille de sa peau, à force de le lécher. Il n'exerce pas tous ces actes de cruauté sans mettre des intervalles; il s'éloigne de tems en tems, à une certaine distance; puis revient et recommence. Cependant le buffle se laisse chasser; quelquefois aussi il se retourne et poursuit à son tour le chasseur, qui n'a d'autre ressource alors que dans la vîtesse de son coursier. Le moyen le plus sûr de lui échapper, c'est de monter quelque colline; alors le buffle retardé, comme l'éléphant, par le poids de sa masse, n'est plus en état de faire assaut de vîtesse avec le cheval aux jarrets souples et alongés. Mais aussi, en descendant, il court beaucoup plus vîte que lui, fait dont j'ai été plus d'une fois témoin oculaire.

Le buffle passe pour être d'une complexion fort chaude. D'après les informations les plus authentiques que j'aie pu me procurer, lorsqu'il se sent échauffé par la course, il se jette dans la première eau qu'il rencontre, soit douce soit salée. Ce qu'il y a de certain, c'est qu'il se vautre fréquemment dans la fange; ce qui vraisemblablement est pour lui un grand plaisir. On croit, d'après cette particularité, qu'il n'est pas possible de réussir à l'apprivoiser, ni de l'accoutumer au joug, attendu que dans la fatigue ou dans la chaleur, il iroit se jeter à l'eau, ou feroit quelque autre tour de son métier.

Le sous-gouverneur, M. Hemming, durant ma résidence au Cap, entreprit d'apprivoiser un buffle; mais cet animal étoit trop sauvage et déja trop fort. Ce fut inutilement qu'on l'attela avec d'autres bœufs dressés et accoutumés au joug; ni joug, ni harnois, ni l'exemple des autres animaux, ne purent le retenir.

Je vis dans *Krake-Kamma*, à mon retour, un jeune buffle, aussi apprivoisé que les veaux ordinaires avec lesquels il pâturoit. Il avoit été pris dans le bois à l'instant de sa naissance, traînant encore le cordon ombilical. Quoiqu'il ne fît que de naître, il n'opposa pas moins une grande résistance à ceux qui le prirent. Quinze jours après, il étoit déja si fort, que le fermier à qui il appartenoit, homme robuste et vigoureux, avoit beaucoup de peine à le conduire. Il est vrai qu'il étoit un peu plus grand et beaucoup plus fort que les autres veaux de son âge. (*) Le fermier avoit intention d'en faire présent au gouverneur pour sa ménagerie.

1775.
Décemb.

Pour moi, je ne doute nullement de la possibilité de rompre les buffles au joug, pourvu qu'ils soient pris fort jeunes, qu'ils y soient mis de bonne heure et pendant long-tems sans interruption. Si l'on avoit soin de leur faire tenir un régime affoiblissant, et de leur faire souvent tetter des vaches, ces animaux pourroient, après plusieurs générations, perdre assez de leur férocité, et garder assez de leur vigueur naturelle, pour être encore beaucoup plus forts que les bœufs ordinaires. Une expérience curieuse à faire, seroit d'accoupler un buffle mâle ou femelle, avec un taureau ou une vache. La plupart des veaux-buffles que j'ai vus, étoient, comme celui que je viens de décrire, d'un brun clair; et plus

---

(*) Sa couleur étoit un brun clair; ses poils étoient longs et rudes, et roulés sur le dos. Sur la nuque, ils étoient dirigés en avant; ceux du front, en arrière. Il en avoit aux babines quelques-uns de longs et de roides. Ils étoient même tous très-longs sur toute la mâchoire inférieure et sous le ventre. Le devant de cet animal paroissoit fort bas, à proportion de son corps. La tête étoit large, et les oreilles longues et pendantes. Ses jambes étoient plus courtes que celles des veaux ordinaires. Il avoit l'air méchant et traître.

1775.
Décemb.

il étoient jeunes, plus la couleur étoit pâle. J'ai déja observé, sous la date du 9 de ce mois, avec quelle force le buffle enfonce les touffes du taillis le plus serré; c'est là un des grands usages qu'il fait de la partie la plus grosse de ses cornes qui, en même tems qu'elle lui sert à percer les buissons épineux, met aussi ses yeux à couvert.

La chair du buffle est grossière, pleine de suc, sans être fort grasse, et d'un haut-goût qui n'est point désagréable. La peau en est épaisse, dure, et fort recherchée des fermiers pour faire des courroies et des harnois. Nous fîmes, de ces peaux, des licous pour nos chevaux et nos bœufs; et nous ne nous crûmes assurés d'eux que lorsque nous pûmes les attacher avec ces liens; il n'en est guère d'autres capables de les retenir, lorsqu'ils sentent des lions ou des loups dans le voisinage. Chacun de ces licous avoit environ neuf pieds de long sur un doigt et demi de large; ils se vendent presque par tout le pays un quart de rixdalle pièce.

Nos Hottentots firent, à celle du buffle que nous tuâmes alors, une sorte d'apprêt; ils la tendirent et la salèrent un peu, et quand elle fut desséchée à demi, nous en fîmes des traits neufs pour notre chariot, dont chacun étoit formé de quatre doubles de peau. Nous observâmes que la balle avoit donné au bas du cou, et étoit entrée dans les poumons. Quoiqu'elle ne parût pas avoir rencontré aucun os, et qu'il entrât dans sa composition une assez grande quantité d'étain, nous la trouvâmes encore aplatie. Dans d'autres buffles que nous tuâmes dans la suite, j'ai trouvé entre les chairs, des balles, quoique faites du même métal, tout-à-fait aplaties, quelquefois mêmes brisées en plusieurs morceaux contre les os. Ainsi ce seroit tems perdu que de vouloir tirer des buffles avec des balles de plomb seulement; elles pénétreroient rarement dans les endroits où la blessure seroit mortelle. Outre la dureté, la balle doit avoir encore une certaine grosseur, et peser au moins deux onces et un quart.

J'ai dit que cette espèce de buffle étoit jusqu'à présent inconnue. Je suis en effet le premier qui en ait donné la description et la figure, dans les transactions de Suède, sous le nom de *Bos Caffer* (*). Le lecteur

_____

(*) Dans M. de Buffon, tome XI, page 416, pl. XLI, on ne trouve que la figure des cornes du buffle d'Afrique,

voudra bien me pardonner si je parois peut-être, au gré de quelques personnes, minutieusement exact et trop détaillé dans mes descriptions, et se souvenir qu'elles sont neuves et vraies.

L'encouragement et les stimulans nécessaires pour mettre en activité les ames engourdies des Hottentots, auroient été superflus dans cette occasion. Ils montrèrent beaucoup d'ardeur et de zèle, tant à découper l'animal qu'à le manger. Ils menèrent le chariot à l'endroit où le buffle étoit gissant. Ils le chargèrent des morceaux

---

gravées sur celles que l'abbé de la Caille a rapportées du Cap.

Voici tout ce que dit l'abbé Manet, tome II, page 129, d'une sorte de buffle qui semble se rapporter à la description que j'ai donnée du *Bos Caffer*.

« Le buffle est une espèce de bœuf sauvage, qui se trouve
« dans les pays chauds. Il sert aux mêmes usages que le
« bœuf: il est pour l'ordinaire beaucoup plus gros que lui.
« Il a la tête petite, à proportion du corps, décharnée et
« penchée vers la terre. Ses cornes sont longues, noires,
« torses et tournées en dedans vers le cou, de manière que,
« s'il n'est pas fort à craindre par cet endroit-là, il l'est beau-
« coup par d'autres. Il est sauvage et méchant; il court fort
« vite; et, quand il a atteint l'homme ou l'animal qu'il pour-
« suivoit, il le jette à terre d'un coup de mufle, s'agenouille
« sur lui, et le foule avec ses genoux, jusqu'à ce qu'il cesse
« de respirer. »

M. Pennant, dans sa *Synopsis* des quadrupèdes, tome II, page 29, parle aussi de cette espèce de buffle.

les meilleurs et les plus gras. Ils étendirent la peau au dessus du chariot, et attachèrent, des deux côtés, les deux jambes ou os à moëlle, qui restoient. De plus, nos *hommes-boshis* portoient sur leur tête des paquets de chair qui leur couvroient les yeux et les oreilles. Ainsi accoutrés, nous aurions assez bien représenté, aux yeux de quelques voyageurs, une boucherie ambulante. Lorsque nous fûmes un peu éloignés des restes du buffles, nous vîmes que nombre d'oiseaux carnivores, aigles, faucons de diverses espèces, nous avoient remplacés, quoique nous n'en eussions pas vu un seul, ni sur les arbres, ni dans l'air, excepté lorsque nous fûmes à quelques portées de fusil de l'endroit.

1775.
Decemb.

A peine avions-nous fait un *uur* de chemin, que nous apperçûmes des troupes de *quagga*, avec un *élan du Cap*, énorme, et qui paroissoit fort gras. Nous vîmes de plus dans une plaine, deux buffles mâles, à soixante-dix pas de nous.

Ces derniers furent long-tems sans nous appercevoir, nous et notre chariot. Enfin le tapage que faisoient mes Hottentots, fort en train de rire et de babiller, leur fit détourner la tête. Notre vue ne parut leur causer aucun trouble : ils nous considérèrent encore long-tems avant de prendre la fuite.

Mes Hottentots, qui me voyoient passionné pour toute espèce de chasse, sans excepter celle des mouches et des papillons, ne pouvoient concevoir pour quelle raison je ne voulois ni tirer ces deux buffles, ni permettre qu'un d'eux les tirât. Je leur représentai qu'ils avoient de la chair de buffle par dessus les yeux; que celle dont ils avoient déja chargé le chariot, et dehors et dedans, seroit en putréfaction avant qu'ils l'eussent toute consommée; qu'ils ne devoient pas imiter le loup vorace, pour lequel ils ont beaucoup d'horreur, et tuer et blesser, comme lui, tout ce qui se présente à eux; enfin, que ces buffles, si nous les épargnions aujourd'hui, seroient peut-être une grande ressource pour d'autres voyageurs et pour nous-mêmes à notre retour. Ils convinrent à la fin unanimement que j'avois raison. Cette modération servit beaucoup dans la suite à me gagner la considération de plusieurs Colons. Ils étoient justement mécontens de la conduite de plusieurs chasseurs, qui, purement pour le plaisir de tirer, font un dégât impardonnable des trésors de la nature, et détruisant sans nécessité tout le gibier qu'ils peuvent atteindre, se dérobent pour l'avenir, à eux-mêmes et aux autres, l'amusement de la chasse. Lorsqu'ils font, comme ils disent, une petite excursion de chasse, et qu'ils ont rencontré une harde de gibier, ils la quittent rarement, ou même jamais sans avoir jonché le sol de corps qu'ils y laissent pourrir. Ils ne tirent cependant jamais sans mettre pied à terre; mais soit qu'ils aient tué ou non, ils remontent à cheval, rechargent leurs fusils et continuent de courir après les gazelles. Je me figurois alors le plaisir que nous eût causé, dans la mer du sud, une pièce de gibier comme celle que nous venions de tuer. Avec quelle volupté mes compagnons et moi, nous aurions alors tombé, en affamés, sur un morceau de buffle rôti et de haut goût!

Nous dételâmes et restâmes assez long-tems à rafraîchir près de la rivière *Keusi kunni aati*, qui, en langage Hottentot, signifie à-peu-près, *défense aux hommes laids de boire ici*. Les Colons l'appellent autrement petite rivière des *Hommes-boshis*.

Quoique la moëlle, aussi bien que la chair du buffle, nous parût fort délicate, nous voyions les Hottentots s'en gorger avec tant

1775.
Décemb.

d'avidité, que le dégoût nous gagnoit quelquefois, M. Immelman et moi. Tant que duroit la nuit, la chaudière étoit bouillante, ou des tronçons rôtissoient sur les charbons. Endormis ou éveillés, les Hottentots avoient continuellement ou de la viande ou la pipe à la bouche. Comme ils avoient tout le tems de songer à la parure, quelques-uns d'entre eux étoient fort attentifs à écumer la marmite et à en enlever la graisse. Ils s'en frottoient avec soin. Je fus même obligé d'employer mon autorité pour les obliger à en accorder un peu à ma chaussure et à nos brides, qui sans cela auroient été bientôt crevassées et grillées par la sécheresse.

Mes Hottentots étoient naturellement fort gais, sur-tout les après-midi, mais d'une gaieté excessive et très-bruyante. J'avois tout lieu de croire que M. Immelman et moi étions souvent le sujet de leurs railleries et de leurs joyeux propos. Persuadés comme nous l'étions, qu'ils s'égayoient à nos dépens, il valoit mieux pour nous ne pas entendre leur langage, et ne pas nous en offenser plus que s'ils se fussent moqués de nous dans leur pensée : et nous n'étions pas aussi chatouilleux qu'un certain officier qui d'abord punit un soldat pour une faute qu'il qu'il avoit commise; et ensuite, sur le soupçon gratuit qu'il avoit infailliblement eu l'imprudence de prendre mal la correction, lui fit donner par-dessus le marché un certain nombre de coups de verges.

1775.
Décemb.

Il me falloit, dans ce désert, ménager avec beaucoup de précaution les esprits de mes Hottentots, de crainte qu'enclins comme ils sont, à s'évader au premier caprice qui leur vient à la tête, ils ne s'avisassent de déserter tous et de nous laisser seuls. D'un autre côté, trop de douceur pour des fautes, des négligences graves, ou des insolences marquées, auroit peut-être eu des conséquences encore plus fâcheuses. Deux fois même nous fûmes obligés d'essayer quel seroit l'effet des coups sur deux des plus mutins, et nous trouvâmes que ce moyen répondoit assez bien à nos vues. Mais la prudence exigeoit qu'avant tout, nous eussions soin de représenter aux autres Hottentots le crime ou la faute du coupable, comme une offense également faites à eux-mêmes, et que nous la punissions autant pour eux-mêmes que pour nous. Retenus par ces raisons palpables, par quelques morceaux de tabac ou de chanvre, ou par quelques louanges distribuées

Tome II. S

1775.
Décemb.

à propos; les autres n'osoient prendre le parti du coupable. J'avois remarqué que nos *boshis* étoient fainéans et absolument indépendans, tant qu'ils se voyoient possesseurs d'une certaine quantité de chanvre ou de tabac; j'en devins beaucoup plus avare, et je ne leur en donnois plus qu'une ou deux pipes à la fois. Souvent ceux qui avoient négligé leur devoir n'en recevoient point du tout. A défaut de tabac ou de chanvre, ils fumoient de l'écorce d'arbres, de la mousse, des feuilles, de la fiente de cheval ou de celle de *rhinocéros*. Ils y ajoutoient, lorsqu'ils pouvoient en trouver, la tige de quelque vieille pipe de bois; ils la hachoient en petits morceaux, et, comme ce bois étoit fortement imprégné de l'huile du tabac qu'on y avoit fumé, il adoucissoit, disoient-ils, le goût des autres ingrédiens.

Dans les endroits où il nous arriva de demeurer plusieurs jours, quelques-uns de ces *boshis* restoient couchés, le jour comme la nuit, dans une parfaite inertie, et ne voulant se mêler de rien; je refusai de leur donner le plus petit morceau de tabac, à moins qu'ils ne me procurassent quelques insectes ou quelque serpent extraordinaire. Cette idée me valut quelques curiosités assez rares; mais telle étoit l'indolence de la plupart de ces éternels dormeurs, qu'ils ne vouloient rien chercher, tant qu'ils ne se sentoient pas, comme ils disoient eux-mêmes, affamés de tabac.

1775.
Décemb.

CHAPITRE XII.

Suite du voyage, de la rivière des Hommes-boshis à Quammedacka.

LE lendemain, qui étoit le 14, nous continuâmes notre route à cinq heures du matin. La rivière des *Hommes-boshis*, que nous venions de quitter, n'avoit pas un courant violent, quoiqu'elle fût en plusieurs endroits très-profonde : l'eau en étoit saumâtre ; on dit qu'elle l'est toujours en été. Un peu plus loin à l'est, nous eûmes à traverser une vallée couverte de bois.

Cette vallée est nommée *Niez-hout-kloof*, d'un arbre qui y croît, et dont le bois, lorsqu'on le frotte et qu'on le porte au nez, excite, dit-on, l'éternument. Nous ne trouvâmes aucun de ces arbres, mais d'après la description qu'on m'en a faite, il paroît qu'ils appartiennent à la classe des *lomentaca*. Un morceau sec de ce bois, qu'on me montra, avoit totalement perdu sa propriété sternutatoire, et n'avoit aucun goût particulier. On trouve aussi cet arbre à *Bruntjes-hoogte*, m'a-t'on dit, mais très-rarement.

Les voyageurs à venir, seront bien aises de savoir qu'à la distance d'environ un demi-mille sur la gauche de cette route, on trouve de bonne eau dans une vallée appelée *t'Kur-t'Keija-t'Kei-t'Kasibina*. On y va par une route qui passe sur deux montagnes. Nous y envoyâmes nos bœufs à midi, et nous restâmes, pour nous rafraîchir nous-mêmes, sur la route. Le soir, nous arrivâmes à *Hassagay-bosch*. Le reste du chemin, ainsi que tout le pays adjacent, étoit hérissé de petites montagnes escarpées. Nous fûmes souvent obligés d'enrayer les roues de notre chariot, et nous, de mettre pied à terre et de conduire nos chevaux le long des précipices (*).

1775.
Décemb.

(*) Ce fut ce jour-là même, qu'en mon absence on daigna me conférer à Upsal, un honneur fort au dessus de mes espérances, le grade de docteur en médecine ; honneur rehaussé encore par la flatteuse proclamation qui l'accompagna. Je saisis donc cette occasion de faire mon remerciment à M. Charles Linné et à M. le professeur J. Sidren, promoteur, qui composoient alors toute la faculté de médecine, et qui, par leurs favorables recommandations, obtinrent, pour cet objet, la permission du Chancelier. Qu'un Suédois, au moment où il étoit si loin de son pays, perdu dans un désert d'Afrique, ait pourtant été présent au souvenir de ses compatriotes ! c'est un trait bien propre à encourager ceux de notre nation qui auroient le desir de voyager pour le progrès des sciences ; et c'est la raison qui m'engage à en faire ici mention.

1775.
Décemb.

Le 15 au matin, nous quittâmes de bonne heure *Hassagay-bosch*. C'est un bois fort petit et peu important. Il a tiré son nom d'une espèce d'arbre qu'on y trouve, ainsi que dans plusieurs autres parties de la contrée. L'eau est assez bonne dans la vallée qui est au dessous, quoiqu'en petite quantité, et stagnante. Le terrain de ce canton étoit de l'espèce que nous avons nommée *acide*. A midi nous arrivâmes à *Nieuw Jaars-drift*, où le thermomètre à l'ombre, étoit à 80 degrés. L'eau y étoit bonne, et dans quelques endroits fort profonde. La contrée offroit une belle perspective; elle étoit ornée de l'arbre dont nous avons souvent parlé, le *mimosa nilotica*, sur lequel nous prîmes quantité d'insectes curieux. Mon compagnon, comme il couroit avec son réseau après un papillon, faillit à tomber dans un trou, au milieu duquel étoit fiché un pieu affilé; s'il ne l'eût apperçu à tems, il auroit probablement subi le destin de nos insectes, et se seroit embroché sur le pieu: ce trébuchet étoit sans doute l'ouvrage des Caffres ou Hottentots errans de ce canton, qui avoient eu dessein d'y prendre quelque gros gibier.

Le soir, nous arrivâmes à *Kurekoiku*; nous

vîmes, chemin faisant, un grand nombre de buffles. Je me mis en tête d'en chasser, et d'en poursuivre à cheval une troupe composée de soixante-dix ou quatre-vingt, tant vieux que jeunes. Je n'avois pris qu'un petit fusil léger, chargé d'une balle de plomb, mon intention étant uniquement de nous procurer un morceau de veau rôti, que nous desirions beaucoup, pour faire diversité à notre buffle; mais je fus trompé dans mon attente. Dès que j'eus mis pied à terre pour ajuster mon coup, les vieux firent un cercle autour de leurs petits, ensorte que je ne pus les atteindre; quelques-uns des plus vieux se mettant en défense, avancèrent sur moi, ce qui donna aux autres la facilité de s'éloigner; à la fin cependant, je fis feu sur le troupeau. Dès qu'ils entendirent le coup, tous s'arrêtèrent et me regardèrent fixement. Si j'avois alors connu le caractère du buffle et le danger de le chasser, comme je l'ai connu depuis, je ne me serois pas hasardé avec tant de confiance. Heureusement pour moi, la balle n'en blessa aucun. Il est probable que si mon coup eût porté, les buffles en corps se seroient retournés, et, me chassant à leur tour, m'auroient fait descendre plus vîte que je n'aurois voulu, la petite montagne raboteuse jusqu'où je les avois poursuivis.

Les chasseurs ne croient pas possible de tirer juste en restant en selle : leurs mousquets sont trop pesans, et le mouvement du cheval, mais sur-tout le tremblement qu'une course violente occasionne et au cheval et au cavalier, dérangeroient le coup : au lieu qu'en mettant pied à terre, et soutenant l'arme sur son appui, le tireur a plus d'aplomb et de sûreté.

Nous restâmes à *Kurekoiku* jusqu'au soir du 16. Nous y lavâmes nous-mêmes notre linge, et le séchâmes au soleil. En partant nous en avions été si prodigues, ainsi que de nos habits, envers nos Hottentots, que nous en avions alors une très-mince provision. Le motif de cette libéralité étoit de les débarrasser, s'il étoit possible, d'une colonie de dégoûtans insectes, dont le cocher du chariot en particulier étoit couvert et couvroit tout ce qui l'environnoit. Dans la suite nous ne permîmes pas à nos Hottentots de porter d'autre habillement que leur pelisse, dans laquelle les petits animaux se tenoient plus tranquilles et plus sédentaires. Les Hottentots les y prenoient aussi plus facilement, et les traitoient alors comme les Cannibales traitent leurs prisonniers. S'ils le faisoient par vengeance ou par sensualité, c'est une question que je laisse à décider aux philosophes, qui, renfermés commodément dans leur chambre, savent expliquer, d'après quelques circonstances accidentelles, tous les phénomènes de la nature. Au moins les Hottentots eux-mêmes, ne voulurent nous donner sur ce fait aucun éclaircissement ; et toutes les fois que nous leur proposâmes la difficulté, ils nous répondoient seulement : *So maar, baas* (C'est notre usage, maître). Tout ce qu'on peut conclure de cet étrange usage, c'est que les hommes, lorsqu'ils sont une fois tombés dans un certain état de dépravation et de misère, non seulement se familiarisent avec elle, mais s'y plongent de plus en plus, si quelque autre cause ne vient les en tirer.

Cependant le goût que deux de mes Hottentots montroient pour nos habits Européens, sembloit annoncer en eux une disposition à sortir de cet état d'avilissement et d'inaction. Leur amour propre étoit même flatté, en songeant qu'à l'aide de ces habits, on les prendroit peut-être pour une sorte de Hottentots bâtards, et qu'on pourroit croire qu'un peu de sang Européen couloit dans leurs veines. Mais ils n'avoient pas la moindre idée de s'ajuster de ces habits; ils les portoient, même dans le désert, jusqu'au dernier lambeau. Nous fûmes obligés de les en dépouiller et de leur faire reprendre leurs manteaux de peau.

Le jour que nous arrivâmes à *Bruntjes hoogte*, comme ils s'attendoient à trouver bon nombre de beautés piquantes de leur nation, ils se peignirent le nez, les joues et le milieu du front avec de la suie. Un jeune *boshi*, le seul jeune homme, des six qui nous suivoient depuis *Zondags-rivier*, se para de la même manière. Cette préparation exceptée, je ne remarquai pas qu'ils prissent aucune peine pour s'insinuer dans les bonnes graces du beau sexe Hottentot. Je suis porté à croire, que dans les règles de leur galanterie, ce sont les femmes qui font les premières avances.

Tandis que nous étions occupés à courir après des insectes, à botaniser, à faire notre lessive, plusieurs de nos Hottentots allèrent à la chasse. Ils se trouvèrent, sans y songer, à la distance de cinquante ou soixante pas de deux lions, couchés tous les deux sur la terre; les Hottentots eurent la prudence de ne les pas tirer. Ils s'enfuirent tout doucement ; et les lions, dès qu'ils apperçurent les Hottentots, en firent autant. Le thermomètre, à midi, étoit à 84 degrés.

1775.
Décemb.

Partis dans la soirée, nous rencontrâmes encore des buffles. Nous en blessâmes un à la poitrine ; mais il nous échappa, quoique poursuivi de fort près : une femelle, qu'une de nos balles atteignit à la joue sur une grosse veine, courut encore quelques instant, et tomba.

Ce jour-là mon ami vit un combat amoureux entre deux chats-tigres, et un de nos Hottentots prit quatre petites autruches vivantes. Nous les nourrîmes plusieurs jours de plantes succulentes : enfin les cahots du chariot les firent périr.

Le même soir nous arrivâmes à *Hevy*, où nous passâmes la nuit. C'est une vallée toute de roches ; on y trouve plusieurs fosses d'eau stagnante et saumâtre. Du sommet plat d'une montagne il dégoutte un peu d'eau douce, dont nous pûmes à peine rassembler une quantité suffisante pour étaucher notre soif. Toutes les plantes de ce canton, excepté quelques plantes succulentes, étoient desséchées.

Le 17, à cinq heures du matin, le ther-

1775.
Décemb.

momètre étoit à 60, et à deux heures après-midi à 80 deg. Nous en partîmes le soir, et nous arrivâmes avant la nuit à *Quammedacka*, à la distance de deux *uurs* de l'endroit que nous venions de quitter. Un petit étang marécageux, de vingt-quatre à vingt-cinq pieds de diamètre, fut toute l'eau que nous pûmes trouver dans un fort grand espace de terrain; aussi étoit-il souvent visité par les animaux sauvages. L'eau étoit si fortement imprégnée de l'odeur rance des buffles, rhinocéros et autres, qui s'y étoient vautrés, que nos bœufs, et sur-tout nos chevaux, frissonnoient en l'approchant. Cependant, pressés par la soif, ils en humèrent un peu qu'ils trouvoient dans les trous creusés par les pieds de ces animaux. Dans un champ un peu au dessus de ce marécage, nous découvrîmes la trace d'un petit ruisseau, nous creusâmes autour de la source, et nous eûmes à la fin un peu d'eau d'une odeur moins forte, mais elle avoit encore goût de fange, et une couleur bleuâtre qui laissoit sur le linge à travers duquel nous la passions, une empreinte ineffaçable. Je remarquai en cette occasion combien l'habitude et les usages caractéristiques d'une nation ont d'influence sur nos actions.

Mon ami, M. Immelman, suivoit obstinément la louable coutume hollandoise, de passer toujours un linge blanc dans les verres ou tasses avant de s'en servir. Quoique les nôtres fussent en ce moment fort propres, ou peut-être enduites de la centième partie d'un grain de sucre, ou de résidu de thé ou de café, il les essuya avec beaucoup de soin, pour boire quelques onces de boue.

1775.
Décemb.

Dans la soirée, une harde d'environ deux mille *sprink-boks*, qui venoient de boire à la fontaine près de laquelle nous étions campés, firent halte à la distance d'environ deux cents pas, pour nous observer. Je tirai tout à travers avec un long fusil chargé de trois petites balles; une d'elles atteignit une femelle : quoique cette balle, comme je l'ai vu depuis, eût traversé son corps, en perçant le foie, le diaphragme, et un des lobes des poumons, l'animal fit encore plusieurs centaines de pas avant de chanceler. Il tomba à la fin, mais se releva presque aussitôt, et courut encore en sautant, cent cinquante pas plus loin. Nous le joignîmes enfin dans les buissons, et achevâmes de le tuer. Il est probable qu'une balle plus forte l'eût abattu beaucoup plus promptement.

1775.
Décemb.

Les Colons nomment cet animal *sprink-bok*, qui, en Hollandois signifie bouc sauteur ou bondissant. (V. pl. V.) J'en ai donné, dans les Transactions de Suède de 1780, la description que je vais transcrire ici.

Le *sprink-bock* est une des plus belles, peut-être même la plus belle de toutes les gazelles qui soient au monde. Il est sur-tout distingué, comme les autres animaux du même genre, par la beauté et le brillant de ses yeux. Dans quelques parties de l'est, le compliment le plus flatteur qu'on puisse faire à une femme, c'est de lui dire qu'elle a les yeux d'une gazelle (*).

Moyse (dans les *nombres*, chap. XIV), par son *dischon*, semble avoir entendu cet animal. Les Septante traduisent ce mot par celui de *pygargus* dont la signification (*uropygium album*, ou *croupe blanche*) convient parfaitement à cette espèce de gazelle. Pline (VIII, 53.), et Juvenal (sat. XI, vers. 138), font aussi mention d'un *pygargus*. C'est, à mon gré, la plus belle gazelle que j'aie vue en Afrique, où elle est aussi la plus commune. Le nombre des

---

(*) V. Prosp. Alpin. hist. Ægypt. (I, 332).

sprink-boks que j'ai vus dans ces contrées, surpasse celui de toutes les autres gazelles réunies. Jusqu'alors, je n'en avois vu qu'un seul dans son état sauvage, sur une plaine près de la rivière des *Hommes-boshis*; mais entre les deux *Vish-riviers*, je les ai vus dans les plaines par troupeaux de différentes grandeurs, qui s'étendoient aussi loin que l'œil pouvoit atteindre. Le nombre réuni des *sprink-boks* qui s'offroient à notre vue, dans l'espace d'un jour, monteroit à plusieurs milliers.

1775. Décemb.

Le troupeau sur lequel je tirai, étoit fort serré. Lorsqu'ils entendirent le coup, ils formèrent à l'instant une ligne, et firent un mouvement circulaire, comme s'ils eussent voulu nous entourer; mais bientôt ils se retournèrent et prirent la fuite. On en trouve beaucoup aux deux *Bocke-veld*, et quelquefois à *Roode-zand*. On en tient un assez grand nombre dans la ménagerie du gouverneur; et malgré la beauté et la multiplicité de cet animal, personne n'en a jusqu'ici donné un dessin passable. Sa description et son histoire sont restées plus imparfaites encore.

Je ne puis m'empêcher d'exprimer à cette occasion mon étonnement de voir que les *mammalia* ou quadrupèdes, la principale branche du premier règne de la nature, branche où est compris l'homme lui-même, soient si peu connus de l'homme, et si rarement l'objet de son étude. C'est par une suite de cette négligence, que les lions, les tygres et les autres bêtes féroces, ont commis impunément en Afrique leurs horribles ravages sur le règne animal; qu'ils ont, comme je l'ai dit, confiné l'homme dans des limites, et l'ont tenu tremblant pour sa vie dans le sein même de ses foyers.

Quant à cette gazelle, elle semble n'avoir été placée sur la terre, que comme un gage de la céleste bonté. Sous ce rapport, elle mérite, autant que tout autre animal, une observation exacte et scrupuleuse. Il semble que du moins leur intérêt personnel auroit dû inspirer aux hommes le desir de la connoître plus intimement. Elle devroit être aujourd'hui chez eux un animal domestique, ou au moins gardée dans les endroits qu'elle fréquente, et protégée contre les lions, dont les *sprink-bocks* sont aujourd'hui la propriété spéciale, et, suivant l'expression des Hottentots, le *troupeau de moutons*. Je vais, en attendant, donner au public une description soignée de cet animal, et lui communiquer

communiquer ce que j'ai pu apprendre de son caractère et de ses mœurs (*).

(*) Le *spring-bok* a deux pieds et demi de haut ; du bout du nez aux cornes, sept pouces ; des cornes aux oreilles, deux pouces ; des oreilles à la queue, trois pieds trois pouces. La queue a un peu moins d'un pied de long. La longueur des oreilles est de six pouces et demi ; celle des cornes, en suivant leur courbure, est de sept pouces ; leur circonférence à la base, de deux pouces trois quarts ; et leur distance aussi à la base, est d'un pouce ; après quoi elles vont en se séparant (comme on peut le voir dans la fig. pl. V) jusqu'environ aux trois quarts de leur longueur, et sont alors éloignées l'une de l'autre de cinq pouces ; ensuite elles reviennent en dedans, ensorte qu'à la fin la distance entre leurs sommets n'est que de trois pouces et demi. Il m'a paru que leurs cornes suivoient le plus généralement cette dimension dans leur courbure. J'ai cependant observé à la ménagerie du gouverneur, que dans plusieurs animaux de cette espèce, les cornes étoient diversement courbées. Quelques-uns même les avoient courbées en avant, comme le *nanguer* de M. de Buffon, tome XII, pl. XXXIV. Dans d'autres elles étoient tournées en arrière. Il étoit nécessaire de parler de ces variations, de crainte que quelques zoologistes ne fussent induits par elles en quelque erreur. J'observerai aussi que dans les deux sexes de cette espèce, les cornes sont absolument semblables pour la grandeur et pour la forme, quoique M. PALLAS, *spicil. zoolog.* I, page 10, trompé par Kœmpfer, croie que la femelle a des cornes fort courtes, ou n'en a point du tout. C'est sur une femelle que j'ai fait la description qu'on vient de lire. J'en ai apporté avec moi la peau empaillée, dont j'ai fait présent au cabinet de l'Académie royale. Pour répondre à la question proposée dans le *spicil. zoolog.* fascicul. XI, p. 15, je dirai que cette gazelle n'a point été connue de M. de Buffon, et que les cornes du *koba*, aussi bien que celles du *tzeiran* (Voy. fascic. I, pag. 10), sont, sans parler de leur po-

Tome II. T

Le blanc et une couleur de rouille clair dominent sur le corps de ce bel animal;

sition, trop larges pour avoir jamais appartenu à cette gazelle.

Enfin les cornes de ce bel animal sont d'un noir foncé, et depuis le bas jusque vers le milieu, elles sont ornées d'anneaux qui excèdent sa surface. Delà elles sont lisses et unies, et se terminent en une pointe aiguë, tournée, comme je l'ai dit, en dedans. Les anneaux sont au nombre d'environ quatorze. Ils débordent au dessus de la surface d'environ une ligne ou deux, et ont une inclinaison en avant et en bas. Sur les côtés, où les cornes sont un peu applaties, ces anneaux sont moins distincts. Entre chaque anneau est un grand nombre de *striæ* ou cannelures longitudinales. Il n'y a point de *porus ceriferus* sous les yeux de cet animal.

Sa couleur dominante est le brun de différentes nuances, ou une couleur de rouille clair. Cette couleur occupe un espace de deux pouces sur le front, précisément au dessous des cornes, passe au milieu d'elles, se prolonge sur la nuque qui en est entièrement couverte, excepté une raie étroite qui la divise dans le devant. Cette couleur s'étend aussi sur la partie postérieure, sur les côtes, le dehors des hanches et les jambes de derrière; mais elle forme seulement une raie étroite sur la partie antérieure des jambes de devant. La moitié postérieure de l'épine du dos est blanche, à la largeur d'environ un pouce ou deux. Le blanc se prolonge au dessous et autour de l'anus. L'intérieur des hanches, tout le ventre; le derrière intérieur et extérieur des jambes de devant, le coffre et le devant des côtes, sont blancs. La même couleur se continue en une raie étroite tout le long du cou, et s'étend sur tout le reste de la tête, à l'exception d'une bande brun foncé, de la largeur d'un pouce, qui prend des deux coins de la bouche, et monte au dessus des yeux jusqu'aux cornes. Une raie d'un pouce et demi de large, de la même teinte ombrée, s'étend depuis les épaules jusqu'aux hanches, et forme ainsi une

une raie de longs poils bruns divise de chaque côté les deux couleurs. Ces longs poils semblent destinés à couvrir la blancheur éblouissante de ceux du ventre et de la partie postérieure, et à en conserver le brillant et la pureté, ensorte que l'animal puisse dans certaines occasions déployer cette couleur, en laisser voir huit ou neuf pouces de plus, et de cette manière se donner encore plus de graces et de magnificence.

---

ligne de séparation entre la couleur blanc de neige du ventre et la couleur de rouille des côtés. Les poils qui environnent la partie postérieure et celle de l'anus, sont aussi d'un brun un peu plus sombre que le reste.

La queue, vers le bout, n'est pas plus grosse qu'une plume; le dessous est nu : elle n'est couverte en dessus que de poils fort courts, excepté vers le bout, où l'on voit quelques poils d'un brun foncé, d'un à deux pouces et demi de long, et qui sont placés comme on peut le voir dans la figure.

Les oreilles sont d'une couleur cendrée, couvertes en plusieurs endroits de poils courts, et nues dans d'autres. Le trou et le bord des oreilles, à la partie postérieure, sont couverts de poils gris très-fins : à l'intérieur, elles sont presque tout-à-fait nues. Les sourcils et les petites moustaches courtes dont la tête est ornée, sont noires. Le poil en général est fin et serré, et long environ d'un demi-pouce. Mais ceux qui sont brun foncé, et qui séparent le blanc à la partie postérieure, ont trois ou trois pouces et demi de long. Les poils blancs qui les avoisinent, sont à-peu-près de la même longueur; mais le milieu de la raie blanche est formé de poils courts, comme ceux du reste du corps.

1775.
Décemb.

C'est sur-tout lorsqu'il fait un grand saut, que l'animal s'étend et se développe à son plus grand avantage; et il ne manque jamais de sauter quand on court après lui. J'ai souvent poursuivi au galop des troupeaux entiers, sans autre vue que de contempler cette propriété du *spring-bok*. C'est une chose agréable et curieuse de les voir alors s'élancer les uns par dessus la tête des autres, à la hauteur de six pieds, et quelquefois beaucoup plus haut. Quelques-uns faisoient trois ou quatre grands sauts de suite, et cependant ne paroissoient pas gagner un pouce de terrain sur les autres, qui couroient d'un pas égal, mêlé de tems en tems d'un ou deux petits élans. Plus leurs bonds sont élevés, moins ils parcourent de chemin. Il est vrai que dans cette attitude, on diroit quils restent pendant quelque tems suspendus en l'air. Tournant la tête au dessus de leurs épaules, ils regardent avec une sorte d'ostentation ceux qui les poursuivent, et étalant à leurs yeux toute la richesse de leur robe blanche, semblent les défier d'oser l'ensanglanter; défi qui produiroit peut-être son effet, s'ils avoient un autre adversaire que l'homme.

Ils prennent cependant diverses attitudes

en faisant leurs grands sauts : quelquefois leur dos est arrondi et convexe, leur tête abaissée, et leurs quatre pieds rapprochés. D'autres fois leur dos est courbé et arqué, ensorte que leur ventre s'avance en dessous, et que la nuque et la croupe sont fort rapprochées. Alors les pieds de devant sont autant éloignés qu'ils peuvent l'être de ceux de derriere.

Lorsqu'on les chasse, ils se laissent bientôt disperser, et il ne vous en reste que deux ou trois à poursuivre. Il arrive aussi quelquefois que tout le troupeau fuit devant vous, et quand ils sont un peu éloignés, ils se retournent et vous regardent. C'est à-peu-près dans cette attitude que le *spring-bok* est représenté, fig. 5 de ce volume. Il laisse voir les poils blancs de son dos et de sa croupe.

Enfin les *spring-boks* sont très-légers à la course. Il faut un bon cheval, et qui ne soit point sujet à perdre haleine, pour pouvoir les atteindre. Sous d'autres rapports, ils ne sont pas fort défians; ils permettent au chassseur, soit à pied, soit à cheval, de les approcher. Leur chair est plus succulente, elle a le goût plus agréable et plus délicat que celle des autres gazelles, quoiqu'elle ait moins de fumet. On m'a dit que dans des années de sécheresse, les *spring-boks* reviennent vers le sud du côté du Cap, en grandes troupes, et suivant toujours leur chemin droit jusqu'à ce qu'ils soient arrêtés par la mer. Alors ils reviennent par la même route, traînant ordinairement plusieurs lions à leur suite. (*)

Malgré la disette d'eau que nous avions à souffrir à *Quammedacka*, et la mauvaise qualité de la source que nous y avions découverte, il nous fallut passer là cinq nuits consécutives. C'étoit le principal lieu de résidence des rhinocéros à deux cornes (*rhinoceros bicornis*). J'avois le plus grand desir de pouvoir tuer un de ces animaux, dont les naturalistes ne connoissoient encore que les doubles cornes qui, dans différens tems,

---

(*) M. Pennant appelle cet animal *antilope blanc*; M. Pallas, *antilope pygargus*. Il est parlé dans le *Syst. Nat.* d'un animal sous le nom de *cervi-capra*. On seroit porté à croire que Linné auroit voulu désigner sous ce nom le *spring-bok*; car un dessin de M. Houston, auquel il renvoie le lecteur, répond assez à la description que je viens d'en faire; mais d'autres circonstances semblent détruire cette idée, entre autres la figure, dans Dodart, à laquelle il renvoie et qu'il croit bonne, n'a pas la moindre ressemblance avec celle de cet animal; d'ailleurs le nom de *cervi-capra*, qui désigne un genre intermédiaire entre le cerf et la chèvre, est applicable à toutes les races de gazelles ou antilopes.

ont été apportées en europe, et qui sont conservées dans différens cabinets.

1775.
Décemb.

Kolbe prétend à la vérité avoir vu le *rhinoceros bicornis;* mais, outre que le récit qu'il en fait est fabuleux, et que dans la figure qu'il en a donnée, la queue de l'animal est aussi touffue que celle de l'écureuil, il est encore certain que cet auteur, dans cette occasion comme dans plusieurs autres, n'est que l'écho de quelques habitans du Cap, fort ignorans, et dont les rapports ne sont nullement dignes de foi. J'étois d'autant plus curieux d'anatomiser un de ces animaux, qu'on a jusqu'à présent entièrement négligé d'examiner les parties internes du rhinocéros à une corne, quoiqu'on en ait apporté plus d'une fois de cette dernière espèce, en Portugal, en France, et en Angleterre, et, quoiqu'il ait été passablement bien décrit et dessiné, particulièrement par le docteur *Parsons,* dans les *Philosophical transactions* (*). On va voir de quelle manière mes desirs furent couronnés par le succès.

(*) Le lecteur peut aussi voir sur ce sujet un extrait de mon Journal dans les *transactions de Suède,* pour 1778, p. 307, avec une figure de rhinocéros.

Le 18, à sept heures du matin, le thermomètre étoit à 60 degrés; à trois heures après midi, il s'étoit élevé a 84. J'eus ce jour-là occasion de tuer plusieurs petits oiseaux rares, qui, dans ce canton aride, étoient forcés de venir, durant la plus grande chaleur du jour et au péril de leur vie, chercher à l'étang quelques gouttes d'eau pour eux et leurs petits. Il étoit impossible que le bruit, extraordinaire pour eux, d'un coup de fusil, ne les eût pas effrayés; ils avoient même vu tomber quelques-uns de leurs compagnons, et ils reconnoissoient sûrement leur destructeur. Cependant ils étoient si altérés, qu'ils revenoient toujours auprès de l'eau, dans laquelle ils trempoient leur bec à la hâte, avec un gazouillement fort et continu. Il me sembloit entendre dans cette voix, je ne sais quoi de lamentable, qui me reprochoit ma cruauté. Ce spectacle si touchant par lui-même, le devenoit encore plus par les circonstances. Je sentois, comme ces petits animaux, la chaleur de l'air; je connoissois la mauvaise qualité de l'eau qu'il nous falloit boire à tous, et la soif qui me devoroit étoit presque égale à la leur.

« Cependant, dis-je en moi-même,

« qu'est-ce que deux ou trois petits oiseaux ?
« une bagatelle, en comparaison d'une ville
« bien populeuse et bien fortifiée, que gens
« bien supérieurs à moi, poussés par le seul
« desir de dominer, ne font pas scrupule
« de tourmenter par la faim et par la soif. »
Ainsi j'inventois des argumens spécieux qui
coûtoient la vie à plusieurs petits oiseaux;
et tout cela, cependant, dans la seule intention d'en trouver quelques-uns de rares et
de curieux.

1775.
Décemb.

Vers le milieu de la nuit suivante, nous
fûmes éveillés par le rugissement d'un lion,
qui rappela à notre souvenir que nous
pourrions bien n'être à notre tour qu'une
bagatelle aux yeux de cet animal carnassier.
Nos bœufs et nos chevaux paroissoient encore plus troublés que dans la première
occasion, qu'ils entendirent plusieurs lions
rugissans à la fois. Nos chiens aussi n'osoient plus aboyer, et se tenoient serrés,
la queue entre les jambes, contre les Hottentots; ceux-ci devinrent fort actifs, et fort
empressés à tenir le feu allumé; ils ne
doutoient pas que le lion ne fût en cet instant, rodant assez près de nous pour nous
reconnoître; il étoit probable qu'à cette
fois il ne quitteroit pas la place sans nous

faire une visite. Comme ils croient que les yeux du lion peuvent s'appercevoir d'assez loin dans l'obscurité, ils veilloient fort attentivement, pour découvrir de quel côté ils devoient l'attendre, et se préparoient de leur mieux à le recevoir.

La situation dans laquelle nous nous trouvions en ce moment, M. Immelman et moi, étoit fort critique. Dès le soir précédent, il avoit jugé à propos, plutôt pour sa commodité que par des motifs de prudence, de ne plus coucher dans le chariot, où la chaleur nous étouffoit. Nous l'avions donc quitté, et nous nous étions fait des lits de l'autre côté du buisson près duquel nos Hottentots s'étoient campés autour d'un large feu. Jusqu'au moment où le lion commença à rugir, nous avions dormi, serrés l'un contre l'autre, et nos fusils près de nous. Mais alors, nous jugeâmes que le sommeil étoit dangereux en cet endroit, que le terrain étoit incommode, inégal et couvert de branches desséchées, qui pourroient recéler des scorpions et des serpens. Cependant, de nous aller jeter parmi nos Hottentots, et nous placer près de leur feu, cette démarche auroit eu l'air d'une poltronnerie ; d'aller rejoindre notre chariot, la prudence nous le défendoit. Nous nous trouvions dans une sorte de perplexité peu amusante. Enfin, le parti qui nous parut le plus convenable, fut d'entrer, en rampant, dans le buisson, et de tenir nos fusils braqués et prêts à faire feu. Mais toutes nos alarmes et nos apprêts furent en pure perte : le lion, qui, pendant tout ce tems, vint probablement boire à l'étang, dont nous n'étions éloignés que d'une portée de fusil, ou n'étoit pas assez affamé, ou n'eut pas assez de courage pour venir nous attaquer.

Le 19, le thermomètre étoit à 60 degrés. Le même jour à midi, étant suspendu sous la banne du chariot, il monta à 84, et à trois heures après midi, à 95 degrés. Je trouvai dans les environs une espèce de pourpier, un peu plus dur que celui qu'on cultive dans nos jardins. Il avoit de fort petites feuilles, d'un vert clair, et longues d'un ou deux pouces. (*)

J'avois apporté avec moi une pinte et demie de vinaigre, en cas que nous fussions pris de quelque inflammation de cerveau, causée par la chaleur du soleil, dont les

---

(*) *Foliis linearibus, marginib. ad rachid. revolutis, caule herbaceo, superiùs subquadrangul.*

rayons donnoient perpendiculairement sur nos têtes. J'en mis quelques gouttes avec un peu de sucre, et j'assaisonnai une petite salade de pourpier, dont je me faisois une fête de pouvoir me régaler, quoiqu'il fût un peu coriace et à demi rongé, ainsi que le gazon. Un de mes *boshis* qui me vit préparer ce plat aigrelet, me fit entendre par signes que, comme le paysan qui n'avoit jamais vu d'artichaut, je prenois la plante par son plus mauvais bout, et que la racine en étoit meilleure que l'herbe. En effet, il en fouit, et j'en mangeai. Quoique crue, elle étoit de fort bon goût; elle avoit la forme d'une carotte, longue d'une palme et demie, ayant un pouce et demi de diamètre (*).

Dans une autre occasion, j'appris de ce Hottentot, qui, contre la coutume de ceux de sa nation, étoit fort communicatif, que la racine du *da-t'kai*, dont j'ai parlé p. 215 de ce volume, est fort bonne, mangée crue, et contient une substance douce, qu'on peut sucer et même séparer des fibres et des parties ligneuses. J'attachai la plus grande valeur à cette découverte. Car nous pou-

_____

(*) *Fusiformis, albid. sesquipalm. diametro sesquiunciali.*

vions nous trouver dans des circonstances où cette plante seroit pour nous une ressource qui nous empêcheroit de mourir de faim. Les Colons Africains, plus occupés à étendre les limites de leurs possessions qu'à étudier les plantes du pays, ignoroient absolument l'usage de cette racine. Les Hottentots qui me suivoient depuis Zwellendam l'ignoroient aussi, et les autres *boshis* étoient trop fainéans pour songer à déterrer des racines, lorsqu'ils avoient plus de viande qu'ils n'en pouvoient manger.

1775.
Décemb.

Le Hottentot qui étoit notre meilleur tireur, étoit allé chasser le matin avant le point du jour avec deux des autres. L'un deux étoit constamment son écuyer, afin que lui-même, dégagé du poids et de la gène de ses armes, eût la main plus sûre et fût plus libre pour marcher à quatre pattes, tirer ou fuir, suivant l'occasion. Il envoyoit aussi souvent le porteur de son armure reconnoître l'ennemi et suivre sa trace.

Ces trois Hottentots revinrent dans la soirée, et allèrent s'asseoir, pour se rafraîchir, près de l'étang. Je leur demandai plusieurs fois s'ils n'avoient pas tué quelque chose; ils me répondirent après un certain tems : « Ah, maître, le gibier est bien rare « dans ce canton. » Et à la fin, ils me donnèrent à entendre, indirectement, qu'ils avoient tué deux rhinocéros. Je fais ici un détail qui paroît assez peu important ; mais ce trait est un exemple de cette espèce de réserve particulière à la nation Hottentote, dont plusieurs Colons m'ont souvent parlé, et dont j'ai fait aussi l'expérience. Si, par exemple, il arrive quelque chose de remarquable, un Hottentot évitera, s'il peut, d'en parler pendant quelques jours, et lorsque enfin il en parle, c'est toujours avec une sorte de circonlocution et de *draij* (entortillement), comme disent les Colons. A la vérité, lorsqu'un Hottentot se décide à vous apprendre une nouvelle, c'est toujours si tard, qu'au lieu de vous être de quelque utilité, elle ne sert le plus souvent qu'à vous vexer. Je fus cependant fort charmé d'apprendre qu'ils eussent tué ces deux rhinocéros ; j'aurois seulement désiré qu'ils me l'eussent appris assez à tems pour pouvoir retourner avec eux à l'endroit, et voir les animaux encore vivans. Mais j'en ai vu plusieurs depuis.

Le 20 de grand matin nous allâmes à cheval, M. Immelman et moi, accompagnés de quatre de nos Hottentots, à la place ou étoient les deux rhinocéros.

1776.
Décemb.

Chemin faisant, nous vîmes un grand nombre de *quagga* et de *hart-beest*. Nous chassâmes un sanglier; mais, ce qui nous prit le plus de tems, nous nous amusâmes à reconnoître une harde d'*élans-gazelles* (*antilope orix*, pl. 6); ensorte que nous n'arrivâmes aux rhinocéros qu'à dix heures.

C'étoit à-peu-près à cette heure que les deux animaux avoient été tués la veille, chacun d'un seul coup, qui avoit traversé le milieu de leurs poumons. Ils étoient à la distance d'environ un mille l'un de l'autre; tous les deux étoient étendus sur le ventre et sur les genoux; leurs jambes de derrière s'étoient portées en avant, et soutenoient leur corps de chaque côté. Mon premier soin fut de dessiner, dans cette position, le plus petit, et d'en prendre les dimensions. J'ai ensuite changé ce dessin, d'après plusieurs autres que j'ai vus vivans, pour donner à la figure l'attitude de l'animal lorsqu'il marche.

Pour se former une idée juste de sa forme et de la proportion mutuelle de ses parties, le lecteur peut donc consulter avec confiance la figure pl. VII : il doit se figurer que le moindre des rhinocéros a onze pieds et demi de long, sept pieds de haut, et douze pieds de contour à l'endroit de la sangle; que, quant à la grosseur, il tient, à partir de l'éléphant, le troisième rang entre tous les quadrupèdes; qu'à l'exception de ses cornes, cet animal étoit encore absolument inconnu : si le lecteur réunit toutes ces particularités, et qu'il y joigne les réflexions que la progression de notre voyage a pu faire naître dans sa pensée, alors il pourra peut-être concevoir quelle fête ce devoit être pour un naturaliste, de voir et d'examiner un *rhinoceros bicornis*.

La première chose qui excita mon attention, fut de ne voir sur la peau de l'animal aucun de ces plis qu'on trouve dans les descriptions et figures publiées du *rhinoceros*, et qui lui donnent l'air d'être couvert d'un harnois. Le seul pli que nous observâmes sur le plus petit des deux *rhinoceros*, étoit à la nuque, mais il sembloit provenir de la position dans laquelle nous le trouvâmes, c'est-à-dire, la tête penchée jusqu'à terre, moyennant quoi le corps se portoit un peu en arrière (*).

(*) Considérée sous d'autres rapports, cette peau avoit un demi-pouce d'épaisseur sur la partie postérieure. Elle étoit

Des

Des deux cornes placées sur le bout de la tête de cet animal (Voy. pl. VII) celle de

encore un peu plus épaisse sur les côtés, mais moins compacte. La surface en étoit raboteuse et noueuse, et différoit peu de celle de l'éléphant, excepté qu'elle étoit d'un tissu plus serré. Sa couleur étoit gris de cendre, excepté autour du museau, où elle avoit moins d'épaisseur, et une couleur de carnation humaine.

Le museau ou le nez du rhinocéros se termine en pointe, non seulement en dessous et en dessus, mais aussi très-visiblement sur les deux côtés, à-peu-près comme dans la tortue. La lèvre supérieure est un peu plus longue que l'inférieure : les yeux sont petits et enfoncés.

Quoique les cornes aient été décrites très-longuement par plusieurs autres, cependant, afin que le lecteur puisse s'en former une juste idée, j'ajouterai à ces descriptions mes remarques particulières. Elles sont de la même forme et à-peu-près de la même grandeur dans les deux sexes. Il me paroît cependant que la grandeur de ces cornes n'est pas toujours proportionnée à celle du corps. Il n'y a même aucune proportion constante entre la corne de devant et celle de derrière, quoique la première soit toujours la plus grande.

Ces cornes ont toujours une forme conique ; les pointes sont un peu inclinées en arrière, comme on peut le voir pl. VII, et plus distinctement encore dans une figure donnée par M. Klein, qui représente les cornes d'un rhinocéros dans leur grandeur naturelle.

Quant à la substance dont elles sont formées, elles paroissent composées de fibres corneuses parallèles, dont les extrémités débordent en plusieurs endroits sur la moitié la plus basse de la corne de devant, sur-tout à la partie postérieure, et sur presque toute la corne de derrière. La surface de ces places est inégale, et par endroits rude comme une brosse. Le haut des cornes est uni et adouci comme à celles des bœufs.

Tome II. V

═══ devant est toujours la plus grande; mais on a souvent observé que, dans de vieux

La corne antérieure du plus petit de nos deux rhinocéros avoit un pied de long, et cinq pouces à la base. Dans le plus grand, cette corne étoit de la moitié plus longue, et la base avoit sept pouces de diamètre. Cependant il n'y avoit pas entre les deux grosseurs de leurs corps autant de différence qu'on en remarquoit entre leurs cornes. On conserve à la vérité dans le cabinet de l'Académie royale des sciences, une paire de cornes d'un *rhinoceros bicornis*, dont l'antérieure a vingt-deux pouces de long, et la postérieure seize. La distance entre elles est à peine de deux pouces. Elles diffèrent aussi des cornes que j'ai vues en Afrique, et de celles que j'ai rapportées, en ce qu'elles sont droites, d'une couleur plus claire, et un peu plates sur les côtés, ensorte que la corne de derrière particulièrement a, dans le haut, des coupans assez affilés et devant et derrière Ces cornes viennent probablement des parties nord de l'Afrique. Elles furent achetées à Naples par le baron *de Geer*, dans le cours de ses voyages, et furent envoyées par lui à son père le feu *maréchal de Geer*, comme un nouvel ornement pour son noble muséum, qui fut par la suite présenté en entier à l'Académie royale des Sciences par l'illustre veuve du maréchal.

On peut dire que le *rhinoceros bicornis* est presque totalement dénué de poils, quoiqu'on voie quelques soies noires et d'un pouce de long, éparses sur les bords des oreilles, et quelques autres entre les cornes et autour; c'est la même chose au bout de la queue. Elle a environ un pouce d'épaisseur, et va en diminuant de la racine à la pointe, qui est un peu élargie dans la partie de devant, et sur-tout dans celle de derrière, et arrondie, hors sur les côtés où elle est applatie. C'est sur les angles produits par cette conformation, qu'on voit quelques poils forts et rudes, longs d'un pouce ou un pouce et demi. Ceux qui regardent le corps de cet animal, dont la peau est si dure et si rude, sont visiblement usés et arrêtés

rhinocéros, celle de derrière est usée en différens endroits, et que l'autre ne l'est point. Cette singularité s'accorde avec l'assertion des Hottentots et des Colons, que le rhinocéros ne se sert que de la plus courte pour déterrer les différentes racines qui font sa principale nourriture, et qu'il a la faculté de détourner la plus grande corne d'un côté, ensorte qu'elle n'empêche point l'animal de travailler de la plus courte. On m'a même assuré que lorsque le rhinocéros est vivant, ses cornes sont si mobiles et si lâches, que quand il marche tranquillement, on les voit balotter, et on les entend se heurter et claquer l'une contre l'autre. Ce qui semble encore confirmer ce récit, sur la vérité duquel j'ai cependant mes doutes particuliers, c'est une excavation que je remarquai dans la base de leur cornes, sur-tout de l'antérieure, et qui, comme une cavité glénoïde est adaptée, par le moyen de

---

dans leur croissance. Les pieds, comme on peut le voir dans la figure, ne sont guère plus étendus que les jambes. Ils ont à la partie antérieure trois sabots, qui ne débordent pas beaucoup; celui du milieu est le plus large et le plus circulaire. La sole du pied, comme celle de l'éléphant, est couverte d'une peau plus dure et plus calleuse que celle des autres parties. Elle est, si l'on en ôtoit les sabots qui la bordent, d'une forme à-peu-près circulaire, avec une fente au talon.

V ij

certaines articulations, à une protubérance ronde du crâne, qu'elle enserre. Nous eûmes beaucoup de peine à dégager ces cornes, en coupant les nerfs et cartilages qui les tenoient attachées. Si, à cette époque, j'avois ouï dire un seul mot de la mobilité qu'on leur attribue, je n'aurois pas manqué d'examiner avec quel degré de force les tendons érecteurs de cette partie sont capables d'agir.

On peut dire que cet animal est totalement dénué de poils, excepté sur le bord des oreilles, où l'on voit quelques soies noires, quelques-unes, aussi rares, entre et autour des cornes, et quelques-unes à la queue. Ce fut, comme je l'ai dit, le plus petit que je choisis pour en faire la dissection et le dessin. Mes Hottentots et moi, cinq personnes en tout, nous ne fûmes pas capables de remuer ce grand cadavre, lorsque, pour le mieux examiner, nous fîmes nos efforts pour le coucher sur le dos. Il faut pourtant avouer que la difficulté provenoit aussi du peu de courage des Hottentots, et de leur lenteur à me seconder. Ce fut donc dans la position où il se trouvoit, que nous lui découpâmes le côté gauche, et que nous enlevâmes une large bande de sa peau; ce ne fut pas sans peine et sans aiguiser plusieurs fois nos couteaux.

1775.
Décemb.

Quoiqu'il y eût déja vingt-quatre heures que l'animal avoit été tué et qu'une enchymose se fût formée autour de la blessure, l'épaisseur de la peau avoit préservé les chairs de la putréfaction. Les Hottentots en firent aussitôt cuire un morceau, qui me parut avoir le goût approchant du porc, mais d'une chair beaucoup plus grossière. Nous tranchâmes les côtés avec une hache; et à force de hacher et de tirailler, nous parvînmes à vider la concavité de l'abdomen. Je dessinai et décrivis ces parties le plus promptement qu'il me fut possible; nous parvînmes au diaphragme; après quoi un Hottentot nu se fourra dans le coffre de l'animal, pour en tirer le cœur et les poumons.

Comme la balle avoit traversé les gros vaisseaux sanguins des poumons, ces parties avoient déja un degré de putridité. Peu de tems après que les poumons, le foie et la rate eurent été exposés à l'air, ils commencèrent à s'enfler et à fermenter. La chaleur brûlante du soleil à midi, l'extrême sécheresse et l'odeur du cadavre rendirent bientôt cette opération aussi dangereuse que dégoû-

V iij

tante. Cependant je fis les observations suivantes (*).

(*) Les viscères du *rhinoceros bicornis*, suivant moi, ressemblent beaucoup à ceux du cheval ; ainsi ce quadrupède, quoiqu'il ait des cornes, n'appartient point à la classe des ruminans, mais plutôt à celle des animaux dont la graisse est douce comme le lard, et non pas dure, comme le suif.

L'estomac n'avoit pas la moindre ressemblance avec celui du cheval, mais plutôt avec celui de l'homme ou du porc. Il avoit quatre pieds de long (fait que j'ai retrouvé dans mes notes, depuis que j'ai donné la description de cet animal dans les transactions de Suède), et deux pieds de diamètre ; et à ce viscère tenoit un tube intestinal de ving-huit pieds de long, et de six pouces de diamètre. Ce canal étoit terminé à trois pieds et demi du fondement, par un large *cœcum*, si je puis appeler ainsi un viscère qui, à son extrémité supérieure, avoit autant de largeur que l'estomac, c'est-à-dire, deux pieds, et qui avoit plus du double de sa longueur. Il suit, l'espace de huit pieds, l'épine du dos, à laquelle il est attaché par les deux extrémités, après quoi il se contracte en un *rectum* de six pouces de large et d'un pied et demi de long.

Les rognons avoient un pied et demi de diamètre. La rate avoit à peine un pied et demi de large, mais quatre pieds de long ; pleins. Le cœur avoit un pied et demi de long et autant de large. On remarquoit une incision au lobe droit des poumons ; mais il étoit, sous d'autres rapports, indivis et entier ; il avoit deux pieds de long. Le gauche étoit subdivisé en deux lobes, dont le plus petit étoit voisin de la base du cœur. Le foie, mesuré de la droite à la gauche, avoit trois pieds et demi de large ; mais en le mesurant de haut en bas, dans la situation où il est pendant, lorsque l'animal est sur pied, il a deux pieds et demi. Il étoit formé de trois lobes plus grands, parfaitement distincts, presque égaux en grosseur, et d'un petit lobe qui s'élevoit environ

Lorsque ma dissection fut à-peu-près finie, j'insérai une main dans la gueule de l'animal, qui étoit à demi-ouverte, et je sentis que la langue étoit unie et fort douce, ce qui contredit directement la notion commune, *quod lambendo trucidat* (qu'il tue en léchant).

Je fus aussi étonné de voir que sur trois rhinocéros que j'examinai, aucun n'avoit des dents incisives. La gueule s'alonge tel-

---

d'un pied sur le côté concave du foie, au milieu de son bord supérieur. On ne voyoit point de vésicule du fiel, ni rien qui l'annonçât. En cela, le rhinocéros ressemble au cheval.

Avant de finir ma dissection, j'ouvris l'estomac pour voir quelle étoit sa nourriture ordinaire. Je le trouvai très-distendu. Ce qu'il contenoit étoit sans odeur et frais. C'étoient des racines, de petites branches d'arbres mastiquées, dont quelques-unes étoient encore grosses comme le doigt. L'animal, à ce qu'il paroissoit, avoit mangé beaucoup de plantes succulentes ; j'en reconnus deux ou trois qui étoient dures et épineuses. Toute cette masse, quand elle fut développée, répandoit une odeur forte et aromatique, qui n'étoit point désagréable, et qui couvroit en grande partie l'odeur putride des viscères. N'étoit-ce point quelque herbe particulière ou racine, à moi inconnue, qui produisoit ce parfum ? Dans ses excréments, qui avoient quatre pouces de diamètre, et qui ressembloient d'ailleurs à ceux du cheval, quoiqu'ils fussent d'une matière plus sèche, on voit toujours beaucoup d'écorces d'arbres ou fibres ligneuses, particularité à laquelle les chasseurs font attention ; elle leur sert à distinguer les excrémens du rhinocéros de ceux de l'hippopotame, qui ne se nourrit que d'herbes.

lement en pointe qu'elle n'a en cet endroit qu'un pouce et demi de large. Mais au reste ces dents lui seroient peu nécessaires, car ses lèvres, comme la peau de son corps sont extraordinairement dures. Il peut en couper les sommités des plantes et des arbrisseaux avec d'autant plus de facilité que sa mâchoire inférieure s'emboîte et entre dans la supérieure. Le docteur *Parsons* a observé que le rhinocéros ordinaire broute ainsi avec ses lèvres et attire fort aisément dans sa gueule les végétaux dont il se nourrit.

Ne pouvant séparer la chair des autres os pour les examiner, j'espérai qu'à notre retour les aigles et les loups m'auroient épargné cette peine. Mon attente ne fut point trompée: ils remplirent si bien leur office en mon absence, que je pus emporter avec moi la tête du plus petit rhinocéros, que j'achevai de disséquer, et à laquelle il ne manquoit presque rien. C'est d'après elle que j'ai dessiné la tête ci-jointe, pl. VII. Cette partie de l'animal est trop essentielle pour que j'en omette la description (*).

─────────────

(*) Les mâchoires réunies ensemble, et rapprochées dans leur état naturel, ont dix-neuf pouces de haut dans la partie postérieure; mesurées à la partie antérieure, depuis le bout du nez, quinze pouces. La longueur de la tête, mesurée du

Le lecteur se rappelle que nos deux rhinocéros furent tués d'un seul coup chacun. bout du nez, jusqu'à la partie postérieure du crâne, en ligne directe, est de vingt-trois pouces, ou un peu moins de deux pieds.

Pour éviter la prolixité dans ma description, je renvoie à la figure pl. VII. On concevra plus aisément à l'inspection les proportions des autres parties. C'est à la partie antérieure de l'os frontal, que la plus petite corne est fixée. On appercevra aisément, d'après la figure, que la suture sagittale est oblitérée, et que l'os occipital est terminé par une surface plate, le long de laquelle il descend droit, en ligne perpendiculaire, jusqu'aux apophyses condyloïdes, dont une se voit dans la figure.

La cavité qui contient le cerveau ne s'étend pas plus loin en avant que les os du sinciput. Les autres os qui l'environnent sont assez épais. Cet animal énorme a donc une fort petite cervelle, en comparaison de sa grandeur. Le creux destiné à la contenir, n'a que six pouces de long, quatre de haut, et il est d'une forme ovale. Pour en connoître la capacité avec plus de certitude, nous remplîmes cette cavité de pois, et nous trouvâmes qu'elle n'en contenoit qu'environ une quarte (à-peu-près une pinte de Paris); pour découvrir la proportion entre la cervelle du rhinocéros et celle de l'homme, je remplis aussi de pois un crâne humain de moyenne grosseur, et je trouvai qu'il en falloit près de trois chopines de Paris. D'un autre côté, la cavité du nez, dans le rhinocéros, est fort grande; ce qui probablement ne contribue pas peu à la subtilité de son odorat. Au moins les physiologistes expliquent cette propriété des chiens de chasse par la *tunique de Schneider*, ou membrane nerveuse, qui forme, à ce qu'ils prétendent, l'organe de l'odorat. Lorsque cette membrane de la tête des chiens est dépliée et étendue avec l'art et les précautions nécessaires, elle est assez large pour couvrir tout le corps de l'animal. Cette membrane, dans l'espèce humaine, n'en couvriroit que la tête.

La peau de cet animal n'est donc pas aussi impénétrable que quelques auteurs l'ont prétendu. Il y a long-tems que Bontius a fait l'observation que le rhinocéros est ordinairement tué avec de la poudre et des balles. M. de Buffon n'a probablement pas fait attention à ce passage, lorsqu'il assure, sur l'autorité de Gervaise, que la peau du rhinocéros ne peut être entamée par aucune balle, excepté autour des oreilles et des yeux, et au ventre. Il est vrai qu'une balle en

---

Les deux rhinocéros plus âgés n'avoient que six mâchelières de chaque côté; le plus jeune n'en avoit que cinq. Cependant nous observâmes dans le fond de la bouche, les marques de deux dents de plus de chaque côté. La plus avancée commençoit à paroître : la dernière étoit encore renfermée dans son alvéole; d'où l'on peut conclure que le rhinocéros, lorsqu'il a atteint sa pleine croissance, a quatorze dents à chaque mâchoire, vingt-huit en tout.

A la partie antérieure de l'*os du palais*, cet animal paroît avoir une apophyse ressemblante à une rangées de dents, qui, dans la tête que je rapportai avec moi, s'est trouvée perdue. Si l'on considère la distance de cette apophyse, à la mâchoire inférieure, il ne paroît pas qu'elle puisse en aucune manière lui tenir lieu de dents. J'ai, à cette occasion, des graces à rendre à M. Pallas qui eut la bonté de m'envoyer la belle figure d'une tête de rhinocéros qui lui avoit été transmise par M. Camper, pour les *acta Petropolitana* (*).

Les lignes pointillées dans la figure, indiquent à-peu-près la position des cornes et des lèvres.

(*) Mémoires de l'Académie de Pétersbourg.

entier de plomb, s'aplatira plutôt contre la peau, qu'elle ne la percera; mais que des balles ou *des lingots de fer* ne soient pas capables de faire sur elle la moindre impression, c'est une autre assertion absolument erronée. Je me trouve dans la nécessité de rectifier ainsi quelques erreurs qui se sont glissées dans le vaste ouvrage de cet auteur justement célèbre, erreurs d'autant plus dangereuses, qu'elles sont souvent revêtues d'un style brillant et plein de charmes. Son génie fécond l'a quelquefois entraîné, malgré lui, au delà des justes bornes; mais l'interprète déclaré de la nature et de la vérité verra avec satisfaction quelques observations qui tendent à la perfection de l'histoire naturelle, et à la dégager des fausses notions et des erreurs, dont il est sans doute lui-même le noble et courageux ennemi.

1775.
Décemb.

J'assure donc que la peau du rhinocéros, comme celle de l'éléphant, peut être percée par des javelines et des dards. J'ordonnai à un de mes Hottentots d'en faire l'essai avec sa *Hassagai* sur un des rhinocéros mort. Quoique son arme fût loin d'être en bon état, et qu'elle ne fût pas plus affilée qu'elle ne l'étoit au sortir de la forge, il sut, par un certain tour de main, lui donner une impulsion si forte, qu'à la distance de cinq ou six pas, elle perça l'épaisseur de la peau, et pénétra dans la chair à la profondeur d'un demi-pied (*).

Les chasseurs Hottentots ou Caffres ont coutume de surprendre les éléphans ou les rhinocéros endormis, et de leur faire plusieurs blessures à la fois : après quoi, ils suivent, comme je l'ai déja dit, l'animal à la trace pendant un ou deux jours et même plus, jusqu'à ce qu'il tombe de foiblesse ou meure de sa blessure. Cependant, le plus ordinairement, d'après leur propre rapport, ils empoisonnent leurs dards un moment avant d'attaquer ces gros animaux, qui, par ce moyen, sont plutôt abattus. Un fermier m'a dit avoir vu un éléphant ainsi blessé et mort dans les vingt-quatre heures.

M. de Buffon assure encore que l'animal

(*) Quant au rhinocéros unicorne, M. de Buffon, tome XI, change d'opinion plusieurs fois dans l'espace de quelques pages : la peau du rhinocéros, dit-il, page 177, sans citer aucune autorité, est si dure, qu'elle ne peut être pénétrée ni par *le fer*, ni par *le feu du chasseur*; et p. 181, dans les notes, il cite et loue beaucoup la relation donnée sur ce sujet par M. MOURS, qui contredit la première assertion, à laquelle cependant M. de Buffon revient encore, page 195, en disant que la peau du rhinocéros résiste aux *javelots* et aux *lances*.

est *privé* de toute sensibilité. S'il eût fait attention à la relation claire et précise donnée par le docteur Parsons dans les *philos. trans.* et qu'il a citée lui-même, il eût été, ce semble, d'une opinion différente. On y lit que la verge du rhinocéros s'alonge lorsqu'on lui frotte le ventre avec des bouchons de paille. M. de Buffon remarque lui-même que le rhinocéros aime, comme le cochon, à se vautrer dans la fange. Ces sensations évidentes ne peuvent se concilier avec l'insensibilité absolue qu'il attribue à la peau de l'animal. Comment en effet supposer la peau du rhinocéros absolument insensible, lorsque l'éléphant, à travers le cuir plus épais encore qui le couvre, est tourmenté par l'aiguillon des mouches? La peau du fond de notre main, quoique plus épaisse en cet endroit que sur tout le reste du corps, n'est cependant nullement dénuée de sensibilité. La peau du rhinocéros, quoique dure et d'un tissu serré, contient cependant, sur-tout aux aines, de petits vaisseaux sanguins, et des sucs propres à nourrir divers insectes, qui s'en nourrissent en effet. Car l'animal est tourmenté par une espèce *d'acarus*, que j'ai découvert sur son pubis et aux aines (*). Ainsi l'épaisseur de sa peau n'en empêche pas la transpiration.

Lorsque l'animal est chassé vivement, sa peau, ordinairement grise, devient bientôt noire, ce qui provient de ce que la poussière et la boue séchée sur sa peau, est humectée par la sueur; c'est un fait que plusieurs personnes m'ont affirmé, et il m'a semblé le voir une fois moi-même. Dans le cours de mon voyage, j'apperçus un jour un rhinocéros qui, poursuivi par quelques autres chasseurs, passa à quarante ou cinquante pas de mon chariot, heureusement sans le voir, au moins sans nous faire aucun mal; je fus étonné de voir l'animal d'une couleur beaucoup plus foncée que tous les rhinocéros que j'avois vus jusqu'alors, et dont le nombre cependant se montoit déja à huit.

D'après la figure ci-jointe et la description que j'en viens de faire, il est évident que M. de Buffon accuse sans raison Kolbe d'erreur, parce qu'il a dit que, des deux cornes, l'une est placée sur le nez, et l'autre

---

(*) J'ai inséré la description de cet insecte dans le VIIe. tom. des *Mémoires sur les insectes*.

sur le front de l'animal. « Il paroît certain, « dit-il ; qu'elles ne sont jamais à une aussi « grande distance l'une de l'autre que le « dit cet auteur, puisque les bases de deux « de ces cornes, conservées dans le cabinet « de Hans Sloane, n'étoient pas éloignées « de trois pouces. » M. de Buffon paroît un peu trop précipité dans sa remarque. Il oublie que le nez de tout animal est placé fort près de son front. Ainsi, si l'une des cornes du rhinocéros est sur son nez, il est naturel que l'autre soit, comme elle est en effet, placée sur le front, quand même il n'y auroit entre ces deux cornes que la distance d'un ou deux pouces. L'inspection de la figure, simple et claire qu'en a donnée Kolbe (*), auroit dû prévenir toutes méprises sur ce sujet.

L'assertion de M. de Buffon, relativement à la copulation du rhinocéros unicorne, qu'il dit se faire croupe à croupe, n'est nullement applicable au *rhinoceros bicornis*, et il est probable qu'elle ne l'est pas davantage à l'autre espèce. Dans le rhinocéros à deux cornes que j'ai examiné, la verge étoit placée aussi avant sous le ventre

---

(*) Voy. l'édition françoise.

qu'elle l'est au cheval, quoiqu'elle soit dans le rhinocéros beaucoup plus courte, en comparant leur différente grosseur. Dans l'animal que j'ai disséqué, cette partie n'avoit pas plus de sept ou huit pouces de long, comme on peut le voir par un échantillon que j'ai rapporté : elle n'étoit pas beaucoup plus longue dans un rhinocéros qui paroissoit être fort vieux. Suivant la description de M. de Buffon d'après le docteur Parsons, la verge est encore plus courte dans l'espèce unicorne. D'ailleurs il ne dit pas un mot concernant la position de ce membre ; mais il fonde sa conjecture, au sujet de l'accouplement de ces animaux, sur ce qu'on a observé dans un rhinocéros, qu'il courboit sa verge en arrière lorsqu'il pissoit, et que son urine suivoit conséquemment cette direction. Mais il est possible que cet effet ne fût produit que par une conformation, ou vicieuse ou accidentelle, ou bien, comme l'animal, quoique ami de la fange, a aussi ses goûts de propreté, il se peut faire qu'il ait en cette partie une sorte de muscle érecteur, qui lui donne la faculté d'en changer à son gré la direction. On sait du moins, que le *rhinoceros bicornis* a l'odorat très-subtil, et qu'il semble avoir ses idées de propreté particulières,

lières, en ce qu'il choisit ordinairement pour pisser certaines places près des buissons. Je craindrois de lasser enfin la patience de mes lecteurs, en m'attachant plus long-tems à raisonner sur ce quadrupède; je n'en parlerai désormais qu'en passant, suivant que l'occasion s'en présentera dans le cours de mon journal.

1775.
Décemb.

M. Immelman, à la fin fatigué de rester debout près de moi, et de me voir disséquer mon rhinocéros, prit le parti de retourner seul au logis (c'est ainsi que nous appellions le chariot), avec l'intention de faire halte sous quelque arbre et d'y reposer en chemin. Pour prendre le plus court, il dirigea sa route au dessus d'une petite montagne couverte de buissons. A peine avoit-il parcouru l'espace de quelques portées de fusil, qu'un rhinocéros sortant tout-à-coup d'entre les brossailles, fondit sur lui. Il l'auroit bien certainement ou foulé aux pieds, ou, le prenant sur ses cornes, jetté en l'air lui et son cheval, si heureusement ce dernier n'eût, dans son effroi, fait un écart fort brusque, et par plusieurs sauts obliques n'eût emporté le cavalier à travers les buissons, loin de la vue et du flair de l'animal.

Les yeux du rhinocéros, comme on l'a

observé, sont enfoncés dans sa tête, et sont fort petits en comparaison de son corps; ce qui fait qu'il n'a pas la vue claire et qu'il ne voit que droit devant lui. Mais aussi l'ouïe et l'odorat sont chez lui extraordinairement subtils: au moindre bruit qui lui paroît extraordinaire, il prend l'alarme, dresse les oreilles, se lève en les faisant claquer, et écoute. On doit sur-tout prendre garde, lorsqu'on le voit de loin, de ne pas rester au vent à lui: car alors il manque rarement de remonter contre le vent. C'est ce qui étoit arrivé à M. Immelman.

Après avoir, non sans peine, échappé au danger, il se fraya un chemin à travers une petite vallée, pour regagner la route droite et ordinaire. Là, il me rejoignit dans un endroit où je m'étois retiré, moi et mon cheval, sous un arbre à l'abri du soleil brûlant, et où je repassois mes notes et mes dessins. Il me conta son aventure, encore tout hors d'haleine. Quoi! lui dis-je, vous avez vu un rhinocéros vivant? mais vous êtes trop heureux! Vous ne sentez pas tout le prix de cette bonne fortune, d'avoir pu contempler, à si bon marché, la démarche de cette énorme bête, et tous ses mouvemens dans sa lourde et massive enveloppe !

Dans le fait, M. Immelman n'avoit pas bien remarqué tout cela. Pour le voir mieux, nous résolûmes d'aller ensemble sur la montagne où le rhinocéros l'avoit mis en fuite, mais du côté opposé. Nous crûmes que nous pourrions de-là le découvrir dans la plaine ; et pour éviter d'être trahis par les exhalaisons de notre corps, en cas qu'il fût revenu dans le bocage, nous nous assurâmes de quel côté venoit le vent, en jetant un peu de poussière en l'air, et nous dirigeâmes notre route en conséquence. A peine commencions-nous à approcher, que voilà mon cheval qui devient tout attention, puis tout-à-fait rétif, comme lorsqu'il approcha des deux rhinocéros morts. Je le fis remarquer à mon compagnon : Il y a quelque chose, lui dis-je, et qui n'est pas loin. Mais lui, continua de marcher, disant : Il est impossible que le rhinocéros soit là. Il ne faisoit pas réflexion qu'il pouvoit y en avoir plus d'un dans l'endroit. Nous avançâmes encore plus près, tant qu'à la fin j'entendis, à la distance d'environ cinquante pas, un bruit comme d'un animal qui se lève pesamment, et à l'instant parut un rhinocéros, dont je voyois les cornes cheminer au dessus des buissons. Je crus qu'il étoit grand tems de rebrousser chemin, et je fis signe à mon camarade de faire le moins de bruit qu'il pourroit; il avoit aussi apperçu le bout du nez de l'animal, et nous défilâmes à petit bruit. Cependant les pieds de nos chevaux faisoient un craquement impatientant, en passant sur les branches sèches, dont les petits sentiers étoient jonchés. Nous n'oubliâmes pas, tout en fuyant, de regarder derrière nous, afin de prendre promptement le galop, si nous appercevions le rhinocéros à nos trousses. Ce que j'appelle sentiers étoit simplement les passages faits à travers les buissons par les rhinocéros et les buffles; mais dans le nombre de ces petits chemins, nous trouvions souvent des *impasses,* c'est-à-dire, qu'ils nous conduisoient droit sur quelques touffes de brossailles. Dans ces trouées sans issue, nous n'aurions guère pu nous sauver du rhinocéros, qui nous eût pris là-dedans, comme dans un filet. Cette aventure nous rendit désormais plus circonspects. Nous soupçonnions un rhinocéros dans chaque buisson que nous rencontrions, et nous n'allâmes plus avec autant de confiance chercher dans les halliers un animal avec lequel il n'y a pas à plaisanter.

1775.
Décemb.

Il est probable que ce rhinocéros n'étoit pas le même qui avoit mis d'abord M. Immelman en fuite; que l'animal ne nous éventa point, graces à notre précaution; qu'il n'avoit point entendu nos voix, ni le bruit de la marche de nos chevaux; et qu'il avoit choisi ce haut et épais buisson, comme un retranchement pour s'y enfoncer. Si je puis tirer quelque induction du moment où mon cheval s'arrêta, il paroîtroit qu'il auroit senti la bête à la distance de 40 ou 50 pas, quoique le vent, qui venoit de ce côté, fût très modéré.

En revenant au logis, (quel logis que notre chariot au milieu d'un désert!) nous vîmes à la distance d'une portée de pistolet une troupe d'*élans-gazelles*, probablement les mêmes que nous avions poursuivis le matin sans succès; mais, ce qui nous parut singulier, ils ne donnèrent pas alors le moindre signe de crainte. Les mâles étoient de la grosseur d'un petit cheval d'Ecosse ordinaire; ils paroissoient plus corpulens que leurs femelles, et courir assez pesamment.

Nous reçûmes en cet endroit la visite de

X iij

1775.
Décemb.

huit Colons qui venoient de Camdebo, dans quatre chariots, ayant avec eux deux de leurs femmes et deux enfans. Ils alloient à la saline dont j'ai parlé, près de *Zwart-kops-rivier*, faire provision de sel. Sur ce que nous leur dîmes de l'extrême sécheresse dans les endroits où ils alloient passer, ils ne prirent que deux de leurs chariots, et réduisirent le nombre des personnes, afin d'avoir moins à souffrir de la disette d'eau. Ils nous dirent que sur la route, ils avoient par hasard éveillé un rhinocéros, mais qu'entendant beaucoup de bruit de différens côtés, l'animal avoit passé près d'eux en courant, sans leur faire aucun mal. Ils me citèrent pourtant un exemple d'un rhincéros, qui avoit couru sur un chariot, et l'avoit porté sur ses cornes un assez bon bout de chemin. Ils m'apprirent que la maladie des chevaux, qui ordinairement, ne se déclare qu'au mois d'avril, avoit déja fait beaucoup de ravages dans le canton de Camdebo. C'étoit probablement l'effet de la sécheresse universelle de cette année.

CHAPITRE XIII.

Suite du voyage, de Quamme-dacka à Agter Bruntjes-hoogte.

Nous quittâmes enfin l'étang de Quamme-dacka, que nous avions presque mis à sec, et nous arrivâmes à midi à la petite *Visch-rivier*, où nous plantâmes encore nos tentes. Nous y trouvâmes une harde de *Spring-boks*, dont deux furent nos victimes. A cinq heures du matin, le thermomètre étoit à 52 degrés; à midi, à 82; à trois heures et demie, à 95 : la soirée fut très-sombre. La sécheresse régnoit par-tout, des deux côtés de la rivière; mais elle étoit plus grande encore à mesure que nous avancions vers le nord, où le sol étoit plus graveleux, et produisoit une plus grande quantité de plantes succulentes. On rencontroit, par-ci par-là, quelques arbustes et buissons, et un peu de gazon sec. Tout le reste étoit un fonds argileux, aussi aride, aussi nû, que le grand chemin. Entre dix et onze heures de la nuit, nous entendîmes le rugissement d'un lion; et quoiqu'il ne se fît entendre

1775.
Décemb.

X iv

1775.
Décemb.

que deux fois, nos animaux furent en mouvement et en inquiétude toute la nuit.

Le 22, de grand matin, nous traversâmes la petite *Visch-rivier*, persuadés que ce seroit tems perdu que de chercher dans ce canton l'hippopotame ou vache marine, animal amphibie plus gros que le rhinocéros (Voy. pl. I, tome III). Après cet animal, que j'avois vu et considéré en détail, c'étoit alors l'hippopotame que je cherchois et qui faisoit l'objet de mes vœux.

En continuant notre marche, nous vîmes, entre neuf et dix heures, deux gros lions. Ils étoient à deux ou trois cents pas de nous dans une petite vallée. A l'instant qu'ils nous apperçurent, ils prirent la fuite. J'étois fort curieux de les considérer de plus près; nous les poursuivîmes à cheval, en criant après eux, et les invitant à s'arrêter. Sur ces cris ils doublèrent le pas, et lorsqu'ils furent arrivés à la rivière que nous venions de passer, ils s'enfoncèrent dans le bocage. Deux de nos Hottentots, poussés par la curiosité, nous avoient suivis, l'un armé d'une couple de *hassagais*, et l'autre d'un fusil. Pour nous, nous étions sans armes, mais je crus que nous ne courions aucun danger dans cette chasse, attendu que nous aurions

AU CAP DE BONNE-ESPÉRANCE. 329

toujours eu le tems de retourner prendre
nos mousquets, supposé que les lions eussent jugé à propos de revenir sur nous. Ils
avoient, en courant, un pas oblique comme
celui de certains chiens, interrompu par
quelques bonds légers. Ils portoient constamment leur cou tant soit peu élevé, et
ils paroissoient nous regarder de côté. L'un
avoit une crinière, et étoit par conséquent
un mâle ; mais tous les deux étoient à-peu-
près d'une égale grandeur, et paroissoient
beaucoup plus hauts et plus longs que nos
chevaux de selle, qui étoient environ de
quatre pieds et demi de haut, comme ceux
d'Ecosse. Nos chevaux, et diverses gazelles
qui se trouvoient en cet endroit aussi près
des lions que nous l'étions nous-mêmes,
n'en paroissoient nullement effrayés. Comme
le lion attaque rarement, ou peut-être
même n'attaque jamais sa proie à force ouverte, il semble que les animaux ne redou-
tent de lui qu'une surprise, ou qu'ils ne
soient frappés d'une vive terreur à son approche, que lorsqu'ils ont éventé les molécules de son corps, pour lesquelles la nature
leur a donné une invincible antipathie.

Le même jour nous fîmes partir une
autruche de son nid, placé dans le milieu

1775.
Décemb.

de la plaine. Ce nid n'étoit rien de plus que la surface même de la terre où elle avoit déposé ses œufs, sans autre apprêt. Ce ne sont donc point les rayons du soleil qui font éclore ses œufs, mais elle-même qui les couve, du moins dans cette partie de l'Afrique. On peut aussi en conclure que le mâle et la femelle partagent alternativement l'incubation. Les Hottentots m'ont aussi assuré ce fait, jusqu'à présent incertain parmi les naturalistes.

Ainsi Thevenot, quoique seul de son avis, a raison lorsqu'il dit que les autruches vivent en monogamie, c'est-à-dire, avec une seule femelle. Cette coutume, propre aux autruches, est contraire à celle des oiseaux de la grande espèce.

Je ne prétends pas déterminer avec une grande exactitude le nombre des œufs qu'elles pondent ordinairement. Nous n'en trouvâmes que onze sous celle-ci. Ils étoient tous frais, et probablement l'autruche n'en seroit pas restée là. Une autre fois, un de mes Hottentots en fit partir une autre de son nid; ils y trouvèrent quatorze œufs qu'ils m'apportèrent; ils en avoient laissé encore quelques-uns qui leur avoient paru moins frais. Ainsi la plus grande ponte est peut-être de seize, dix huit, ou vingt; et cependant il me paroît difficile que l'autruche puisse couvrir de son corps tant d'œufs à la fois. J'ai vu dans le quartier de Roodezand une couvée de jeunes autruches, à-peu-près au nombre de vingt, ayant environ deux pieds de haut; mais les petites autruches que j'avois prises le 16 de ce mois à *Kurekoiku*, étoient hautes d'environ un pied. Ne peut-on pas inférer de-là, que les autruches, en Afrique, n'ont point de saison fixe pour leur ponte?

Quelques lecteurs, plus scrupuleux observateurs, demanderont peut-être comment je puis assurer que c'étoit une autruche mâle que j'ai fait partir de son nid. Je répondrai que par toute l'Afrique, on regarde comme un point incontestable, que tous les mâles de cette espèce, portent des plumes blanches à leurs queues et à leurs ailes, et en ont de noires au dos et au ventre. Les femelles, au contraire, n'ont de plumes noires qu'à la queue et aux ailes : tout le reste de leur corps est d'une couleur cendrée. Cela s'accorde aussi avec les descriptions de cet oiseau faites en Europe (*).

―――――――――――――――――――――

(*) Voyez M. de Buffon, page 429.

Ce qui me persuade encore que le mâle assiste la femelle dans l'incubation, c'est que dans le nid dont je viens de parler, nous trouvâmes autant de plumes blanches que de noires, dont les unes annonçoient la présence du mâle, et les autres celle de la femelle. Outre la vaste étendue de leur corps, la nature a donné à l'autruche, plusieurs estomacs, et un appétit insatiable. C'est peut-être pour cette cause qu'elle a partagé entre le mâle et la femelle l'office maternel de l'incubation. Il est possible que cette grande voracité ne permît pas à la mère de rester aussi long-tems assise sur ses œufs, que les autres oiseaux peuvent y rester. Les auteurs qui ont dit que les petits des autruches étoient revêtus de petites plumes grises, ont eu raison. Tout leur corps en est couvert, même le cou et les jarrets, parties qui sont destinées à être nues lorsque les oiseaux ont atteint leur pleine croissance; alors ils n'ont des plumes que sur le corps. Les plus belles et les mieux bouclées forment la queue. C'est sur-tout pour orner nos têtes de cette parure, que nous ôtons à cet oiseau la liberté et la vie.

Cependant je n'ai point vu dans la colonie

qu'on fît d'autre usage des plumes d'autruche, que de s'en servir à chasser les mouches. Ils en font de longs et larges balais, dont un ou deux esclaves écartent les mouches, de la table où la famille est assise. Les Hottentots qui mangent toute espèce de viande, mangent aussi celle de l'autruche; les Colons et même les habitans du Cap, font avec les œufs des espèces de pâtés chauds ou puddings, et des omelettes. Nous, qui voyagions dans un desert, nous aimions mieux les avaler sans apprêt, et nous en fortifier l'estomac un instant avant de prendre notre thé ou notre chocolat. Quelquefois nous nous en servions pour clarifier notre café; quelquefois aussi nous en faisions dans notre marmite, faute de casserolle, des étuvées, avec un peu de graisse. J'avois appris en Suède à apprêter ce ragoût, sous le nom d'*œufs perdus*.

Les œufs d'autruche sont à la vérité très mangeables de toutes ces manières; mais ils ne valent point ceux de poule. Ils sont d'une qualité plus grossière et plus compacte, plus rassasians aussi et plus douxcereux. Une des plus grandes coquilles, conservée dans le cabinet de l'Académie royale des Sciences, pesoit onze onces; elle avoit six pouces et demi de profondeur, et contenoit cinq chopines et un quart de liqueur, mesure de France; elle étoit de la forme d'un œuf ordinaire. Je n'ai jamais trouvé que le poids de ces œufs, étant frais, excédât de beaucoup cette proportion. C'est avec raison que M. de Buffon réfute, comme un absurdité, qu'on ait vu des œufs d'autruche pesant quinze livres.

J'ai déja parlé de la manière dont on chasse aux autruches dans cette contrée. Que cet oiseau se contente de cacher sa tête, lorsqu'il se voit dans l'impossibilité d'échapper aux chasseurs, c'est un fait dont à la vérité je ne me rappelle pas d'avoir jamais ouï parler au Cap; mais, en le supposant douteux, la manière dont Pline l'a expliqué n'est pas plus absurde qu'une autre. L'on a vu souvent des enfans jouant à la cligne-musette, s'imaginer qu'ils sont cachés lorsque leur tête est couverte et qu'ils ne voient point. J'ai vu souvent de jeunes dindons ne faire que cacher leur tête et demeurer tranquilles, lorsqu'ils étoient avertis par les cris de leur mère de l'approche du faucon. Supposera-t-on plus d'intelligence à l'autruche, qui d'ailleurs est un animal fort stupide, et qui voit alors qu'elle ne peut échapper au danger?

M. de Buffon dit (*) que la peau de cet oiseau est fort épaisse. Elle est épaisse tout au plus comme celle du bouc ou du veau. Je ne conçois pas trop comment les Arabes ont pu s'en faire des soubrevestes qui leur tenoient lieu de cuirasse et de bouclier.

Tout le monde dans ces contrées s'accorde à dire, que le cri de l'autruche ressemble au rugissement du lion, mais est moins prolongé. Il est donc rauque et lugubre; il doit remplir d'effroi celui qui l'entend. Ce n'est donc pas à tort que le prophète Michée le compare à un gemissement, supposé toutefois que le mot hébreu *jacnah* signifie dans ce passage et dans d'autres de l'Ecriture Sainte, une autruche, et non un autre oiseau.

Les petits n'ont aucun cri. Du moins, à mon retour, j'en ai amené un vivant, haut d'un pied et demi, depuis *Honing-klip* jusqu'au Cap; et pendant l'espace de vingt-quatre jours il ne nous fit jamais entendre sa voix. Mon cheval le foula malheureu-

---

(*) Voyez page 443.

sement sous ses pieds, et le tua, sans quoi j'aurois pu fort aisément le rapporter en Europe. Il mangeoit beaucoup, et n'étoit point difficile en fait de nourriture.

On voit au Cap, dans la ménagerie du gouverneur, plusieurs autruches apprivoisées. Elles se laissoient aisément monter par tous ceux qui vouloient en faire l'essai, sans paroître s'inquiéter de la pesanteur. Elles grimpoient même, et se perchoient sur l'épaule de quiconque vouloit le souffrir. D'après cette observation, et plusieurs autres qu'on trouve dans les auteurs, je ne doute nullement qu'on ne pût dresser des autruches à porter des fardeaux, ou les rendre, de quelqu'autre manière, utiles aux hommes. Le fait cité par Adanson d'une jeune autruche (*) qu'on n'avoit jamais pu accoutumer à l'obéissance, n'est pas suffisant pour me faire départir de mon opinion; sur-tout ayant pour l'appuyer l'exemple de ce roi d'Egypte, *Firmius*, qui dans le troisième siècle se faisoit, dit-on, porter par de grandes autruches, et celui de cet anglois que Moore dit avoir vu à *Joar* en Afrique voyageant sur une autruche.

―――――――――――――――――――

(*) Voy. M. de Buffon, page 446.

J'ai

J'ai souvent conversé avec des fermiers qui en avoient apprivoisé au point qu'ils les laissoient en liberté sortir de la ferme, y rentrer et chercher à leur gré leur nourriture. Mais ils se plaignoient beaucoup de la voracité de ces animaux, qui, disoient-ils, avaloient les poulets tout entiers, fouloient aux pieds les poules, les déchiroient en pièces, et les mangoient. Dans une de ces fermes on avoit été obligé de tuer une autruche qui avoit pris l'habitude de froisser sous ses pieds des moutons. D'après cela, c'est une question, si l'autruche n'est pas capable de manger de même un serpent?

Il m'a paru qu'on trouvoit principalement ces oiseaux dans les terrains de la nature de ceux que nous avons désignés sous le nom de *carrow*. Je n'en ai jamais vu qu'une dans un canton *acide* à *Lange-kloof*. Il est probable que, comme l'éléphant que je vis aussi dans ce district, cette autruche s'étoit écartée du sol qui lui est propre.

Un autre gros oiseau, le *casoar*, que j'ai vu, comme je l'ai dit, dans la ménagerie du gouverneur, n'étoit pas natif d'Afrique.

Cette journée avoit été très-chaude, et quoique je dusse, ce semble, être alors fait à la chaleur, je fus pris d'un violent mal

Tome II. Y

de tête. Je la baignai dans l'eau courante de *Groot-Vish-rivier*, et je me trouvai soulagé. Deux de mes Hottentots se plaignirent aussi des mêmes douleurs. Ils en eurent bientôt calmé la vivacité par un peu de chanvre que je leur donnai à fumer. J'avois oublié de regarder ce jour-là au baromètre ; lorsque je m'en avisai, à dix heures du soir, il étoit encore a 78 degrés ; il tomba cette nuit des gouttes de pluie, et nous n'entendîmes point le rugissement des lions.

Le 23, nous partîmes de bonne heure pour aller chercher des *vaches marines* ou hippopotames le long de la grande *Vish-rivier*. Il nous restoit fort peu de provisions dans le chariot, et mes Hottentots commençoient à murmurer et à me remontrer humblement, qu'au lieu de faire si assidument la chasse aux insectes, et de chercher avec tant de zèle des herbes dans les buissons, nous devrions nous occuper un peu plus sérieusement du gros gibier. En même tems ils nous montrèrent du doigt une vallée peu éloignée, couverte de bois, dans laquelle ils avoient vu, disoient-ils, plusieurs buffles. Il fallut bien aller jusqu'à cette vallée. Nous étions à pied, et quoique nos Hottentots portassent nos fusils en montant une hauteur qu'il nous falloit passer, cependant, avant d'avoir atteint le sommet, nous étions hors d'haleine et accablés par la chaleur du soleil. Mais, ce qui me paroît aujourd'hui surprenant, dès que nous eûmes entrevu le gibier, langueur, fatigue, chaleur, tout fut en un moment oublié, jusqu'à la prudence : ce fut à qui feroit feu le premier, et ce ne fut qu'après, et par réflexion, que nous songeâmes aux précautions que nous aurions dû prendre. Nous nous trouvâmes à vingt ou trente pas de l'animal ; nous le voyions un peu au dessous de nous derrière un buisson peu serré. Il tourna la tête de notre côté, et sembloit avoir l'intention de courir sur M. Immelman ou sur moi. Pressés l'un et l'autre et par l'émulation et peut-être par un peu d'effroi, nous tirâmes nos deux coups presque en même tems. Cependant nous eûmes le plaisir de voir le buffle tomber sous le coup, mais se relever un instant après, et courir en descendant dans le fond du bois. Nous ne doutâmes pas qu'il ne fût mortellement blessé, et nous eûmes la témérité de le suivre parmi les brossailles. Nous ne le trouvâmes point, fort heureusement pour nous : car nous vîmes après, que nos deux coups n'avoient

1775.
Décemb.

Y ij

porté que sur le derrière de l'échine, où les deux balles, à la distance de trois pouces l'une de l'autre, s'étoient brisées contre les os. Mais cette hardiesse imprudente qui n'étoit l'effet que de la précipitation et de l'ignorance, fut regardée par nos Hottentots comme des marques extraordinaires de courage et d'intrépidité. De ce moment ils parurent avoir conçu une bien plus haute idée de notre valeur, et ils en eurent par la suite plus de respect pour nous. Quelques-uns d'eux vinrent nous joindre, et jetèrent des pierres dans le fond de la vallée, afin de faire meugler le buffle et de savoir où il étoit. Ce fut inutilement; mais après un certain tems il reprit sans doute des forces et de la colère : car nous le vîmes sortir de lui-même et reparoître au bord du bois, dans un endroit un peu au dessous de nous, d'où il pouvoit pleinement nous voir. Son intention alors étoit probablement, et plusieurs vieux chasseurs m'ont confirmé dans cette opinion, de prendre sur nous sa revanche, si nous ne l'avions pas découvert à tems, et si nous n'eussions à l'instant même fait feu une seconde fois. Ces chasseurs m'ont cependant aussi assuré qu'ils savoient par expérience qu'un buffle n'attaquera jamais un ennemi, s'il est obligé de monter en courant pour l'atteindre. Le troisième coup pénétra au ventre de l'animal, et fut mortel. Il rentra dans le bois, laissant des traces de son sang sur la terre et sur les buissons. Quoique nous fussions encore fort animés, nous ne pénétrâmes après lui dans la forêt qu'avec précaution, accompagnés de deux de nos Hottentots. Nous le trouvâmes, et, comme il voulut avancer sur nous, M. Immelman, de l'endroit où il s'étoit posté, lui tira un quatrième coup de fusil qui pénétra dans les poumons. L'animal eut encore la force de faire un circuit de cent cinquante pas ; alors nous l'entendîmes tomber en meuglant d'une manière étrange et horrible. Ce chant de mort fut pour chacun de nous, comme on peut le croire, un chant d'alégresse ; mais non contens de cette victoire (tant il est vrai qu'il est des instans où le cœur de l'homme le plus sensible s'endurcit et se ferme aux souffrances des êtres vivans), ce fut à qui iroit voir les angoisses du buffle se débattant contre la mort, et ce fut moi qui arrivai le premier. Je ne crois pas que la douleur mêlée à une férocité sauvage, puisse être exprimée avec plus d'énergie qu'elle ne se peignoit dans la physionomie de cet animal mourant. J'étois à dix pas de lui lorsqu'il m'apperçut, et à l'aspect de son ennemi, et tout en hurlant, il se leva encore sur ses quatre jambes. J'ai eu lieu de croire par la suite, que je fus tant soit peu effrayé: car je lui lâchai un cinquième coup, mais si mal ajusté, que malgré la large surface que me présentoit son corps presque au bout de mon fusil, je ne le touchai qu'à une des jambes de derrière; et après cet exploit, je me mis à courir avec la rapidité d'une flèche, et à chercher un arbre dans lequel je pusse grimper. Dans cet intervalle le buffle étoit retombé, et il poussa son dernier soupir.

J'ai cru nécessaire, dussai-je encourir le reproche d'entrer dans des détails minutieux, de raconter toutes les circonstances de cette petite aventure. Elles serviront mieux que des pages de raisonnemens, à donner au lecteur une idée du caractère du buffle, et de la manière dont on le chasse.

Mes Hottentots le découpèrent avec leur ardeur ordinaire dans ces occasions. Comme ils avoient un peu de chemin à faire pour transporter la chair au chariot, ils usèrent d'un expédient extraordinaire. Ils en taillèrent de grands morceaux, et faisant un trou dans le milieu, assez grand pour y passer les bras et la tête, ils marchoient ainsi tout couverts et entourés de carnage, n'ayant que les mains de libres, qui portoient leur bâton.

1775.
Décemb.

Cependant notre Hottentot, le plus habile tireur de la bande, avoit tué assez près de là un *élan-gazelle*; nous allâmes choisir le meilleur et le plus gras de cette proie. Avant que nous fussions de retour au chariot, la nuit nous surprit avec du tonnerre et des éclairs; et pour ajouter encore au terrible de cette scène, nous entendîmes fort distinctement le rugissement des lions, qui ne paroissoient pas éloignés. Nous craignîmes, non sans raison, qu'ils ne voulussent partager avec nous les dépouilles du buffle. La nuit étoit si noire, que nous aurions eu beaucoup de peine à retrouver notre *logis*, si les Hottentots que nous y avions laissés, n'avoient eu l'attention de faire de tems en tems claquer le grand fouet. A l'aide de ce signal, nous apperçûmes enfin leur feu dans la petite plaine où étoit le chariot. A peine y fûmes-nous rendus, qu'il vint une si forte ondée de pluie, qui continua la plus grande partie de la

Y iv

1775.
Décemb.

nuit, qu'elle éteignit notre feu. La banne qui nous couvroit étoit en danger d'être emportée à chaque moment par la violence d'un vent de sud-est, qui faisoit entrer la pluie par les côtés du chariot, et même à travers la toile; ensorte que nous étions moins à l'abri que les Hottentots sous leurs casaques de peau. Pendant tout ce charivari nous entendions presque sans cesse les rugissemens des lions et l'horrible cri des hyènes; dont quelques-unes vinrent nous dérober une courroie des harnois du chariot, et plusieurs lambeaux de viande, que les Hottentots avoient pendus à quelques pas de l'endroit où nous étions.

Ce jour-là le thermomètre, à cinq heures du matin, étoit à 74 degrés, et à midi juste, à 99; dans l'après-midi, il monta jusqu'à 100.

Le 24, je restai encore en cet endroit dans l'espérance d'y tuer un *gnu* qu'on avoit vu roder dans les environs.

Gnu est le nom Hottentot d'un animal fort extraordinaire, qui, quant à sa forme, tient le milieu entre le cheval et le bœuf. Il est à peu-près de la grosseur d'un cheval de selle ordinaire. Son corps est long de cinq pieds, et haut d'un peu plus de quatre. On peut en voir les proportions dans la figure, pl. II, tom. III. Il est représenté frappant de la tête. L'inspection de cette figure donne une idée juste de la position des cornes, et de la manière dont elles sont aplaties, pour ainsi dire, et recourbées vers la tête; au lieu que dans la gravure qui accompagne la belle description de cet animal, qu'a donnée M. le professeur *Allamand*, et qu'il a copiée d'une compilation intitulée *Nouvelle description du Cap de Bonne-Espérance*, on croiroit presque que les cornes sortent de la crinière.

1775.
Décemb.

L'animal est par-tout d'un brun foncé, excepté la queue et la crinière, qui sont d'un gris clair; le poil de l'échine, celui qu'on voit au dessous de la mâchoire inférieure et sur le poitrail, sont noirs, de même que les crins rudes qui se tiennent droits sur le front et sur le haut de la face.

Il est assez singulier que l'animal apporté du Cap en Hollande, et sur lequel M. Allamand a fait sa description, ne corresponde point avec la mienne; quant à la couleur de la crinière et du corps, et qu'il soit si différent de tous ceux que j'ai observés en Afrique, et de la peau de *gnu* que j'en ai rapportée. Cette différence provient sans doute d'une diversité d'âge ou de climat, ou de quelques autres circonstances accidentelles.

A la première vue, on croiroit que le *gnu* appartient au genre du bœuf ; mais sous d'autres rapports il doit plutôt être rapporté à celui des *capræ* en général, ou au genre que M. Pallas à séparé de ces dernières, sous la dénomination d'antilopes (*).

(*) 1°. Les jambes du *gnu* sont aussi menues que celles des antilopes ou gazelles, et ont, comme elles, de petits os et de la corne au pâturon.

2°. Le *gnu* ressemble aux antilopes par sa fourrure, dont le poil est court comme celui des cerfs. Ses crins ressemblent plutôt à ceux des *capræ* qu'à ceux du bœuf. Quant à sa crinière, elle est aussi absolument différente de celle des bœufs ; mais elle ressemble un peu à celle d'un autre animal du genre des *capræ* ou antilopes (l'antilope oryx), nommé par les Colons *élan du Cap*. (Voy. pl. VI, tome II.) La queue n'a nulle ressemblance avec la queue du bœuf ; mais plutôt avec celle du cheval, ou celle d'un autre grand antilope, le *hart-beest*. (Voy. pl. VI.) Plusieurs personnes du Cap m'ont dit que le *hart-beest*, lorsqu'il veut heurter de la tête, s'agenouille. Il est probable que le *gnu* en fait autant, puisque M. Allamand lui-même dit avoir vu celui qui fut amené en Hollande, s'agenouiller quelquefois, et frapper la terre de ses cornes.

3°. Le *gnu* a, comme la plupart des animaux du genre des cerfs et antilopes, un *sinus* visible, ou *porus sebaceus* ou *ceriferus*, au dessous de chaque œil. Ce *sinus*, qui n'a pas été remarqué par M. Allamand, est, comme dans le *hart-beest*, d'une ligne environ de diamètre, et est environné d'une petite touffe de poils noirs. Je ne sache pas qu'on trouve de

Comme celui que nous cherchions étoit en plaine, et que nous ne pouvions l'approcher en nous glissant entre les buissons, j'entrepris de le poursuivre à cheval. Je le joignis d'abord, et le tenois presque à portée; alors il me montra ses dispositions malfaisantes par divers bonds et plongeons qu'il

1775.
Décemb.

porus de ce genre, ou de ces ouvertures dans la peau, qui servent à l'excrétion d'une substance semblable au cérumen, dans aucune espèce du genre du bœuf.

4°. Le cri des jeunes *gnu*, que j'ai souvent entendu, ne ressemble en rien à celui des veaux ordinaires.

5°. Je n'ai point trouvé à la chair de cet animal aucun goût qui rappelât celui du bœuf, ou même du buffle. Il approcheroit plutôt du goût de la chair des autres antilopes ou gazelles des environs du Cap. Elle a cependant le grain plus fin, et elle est plus succulente que la chair du *hart-beest*, et par conséquent bien plus délicate que celle du bœuf.

6°. J'ai disséqué un jeune *gnu*, et j'ai trouvé ses viscères plus semblables à ceux des autres antilopes, qu'aux viscères des bœufs, mais pas la moindre ressemblance avec ceux du cheval. Ce seul fait est suffisant pour renverser la conjecture de ceux qui ont imaginé que le *gnu* étoit le fruit de l'accouplement d'un cheval avec une vache.

Une nouvelle preuve que le *gnu* ne peut être le produit de ce mélange, c'est qu'on voit toujours ces animaux par troupes nombreuses, et qu'on ne les trouve en Afrique, du moins à ma connoissance, qu'à *Camdebo* et à *Agter Bruntjes-hoogte*. Ce n'est que depuis quelques années qu'on en apporta un au Cap, et de là en Hollande. Il est probable que celui que nous vîmes près de *Vish-rivier*, étoit quelque vieux mâle qui s'étoit lassé de la compagnie de ses autres camarades, ou qui en avoit été séparé par quelque accident.

se mit à faire, avec des ruades, tantôt d'un, tantôt des deux pieds de derrière, et heurtant de sa tête les taupinières qui se trouvoient devant lui ; mais à l'instant il s'enfuit avec une rapidité si incroyable, que je l'eus bientôt perdu de vue, quoique nous fussions en plaine. Je ne puis m'empêcher de croire que cet animal étoit attaqué de la rage ; car les autres *gnu* que j'ai chassés depuis, s'arrêtoient, se retournoient ordinairement pour regarder celui qui les suivoit, lorsqu'ils s'en voyoient éloignés d'une distance propre à les rassurer.

Si je manquai mon coup, ce fut sur-tout par le désavantage du terrain, qui étoit rocailleux : d'ailleurs, pressé du desir de disséquer un *gnu*, je poussai mon cheval un peu trop vivement d'abord, ensorte qu'il devint bientôt tremblant et hors d'haleine.

Nous repassâmes par le lieu où nous avions laissé la veille les débris de notre *élan-gazelle*. Nous y trouvâmes des aigles et d'autres animaux de proie, qui s'en régaloient et se le disputoient. Il n'en restoit guère que les os. J'y trouvai aussi un *jackal* qui prenoit sa part du festin. J'aurois bien voulu le chasser : mais mon cheval fatigué refusoit de me seconder. Nous vîmes en revenant des troupes nombreuses de *quagga*, animaux qui ne sont pas rares dans ces déserts. Nous passâmes à peine un jour sans voir entre les deux *Vish-rivier*, des *hart-beest* en grand nombre et des *spring-boks* par centaines et par milliers.

1775.
Décemb.

Le lendemain étoit le 24 décembre, jour fêté dans tout le monde chrétien, et qu'on célèbre par de joyeuses assemblées et des festins. Et nous aussi, dis-je à mon ami, nous célébrerons ce jour solennel : quoique au milieu d'un désert et séparés de tout le reste des humains, il faut que nous prenions part à ce religieux jubilé. Nous passâmes en revue notre provision de biscuit, et nous trouvâmes qu'en l'honneur de la fête nous pouvions faire la petite débauche d'en manger deux chacun, et en donner autant à chacun de nos Hottentots. Le premier plat de notre repas fut un œuf d'autruche, dont la moitié fut fricassée dans notre marmite, et le reste fut mis à bouillir dans un bassin avec un peu de café, et distribué à la compagnie; ce fut le second service : le troisème consistoit en un morceau de chair d'élan.

Ce jour-là, le thermomètre à midi fut à 84 d.; le soir il descendit à 76.

1775.
Décemb.

Nos Hottentots attachèrent un morceau de viande à une longue et forte courroie, qu'ils arrangèrent de manière que si le loup venoit à avaler l'amorce, il se prît la tête, jusqu'à ce qu'ils vinssent l'achever de tuer ; mais l'animal ne vint point, et conséquemment nous ne pûmes juger si cette nouvelle invention Hottentote étoit praticable.

Le 25, le thermomètre monta à 100 deg. Alors nous nous mîmes à chercher le long de *Vish-rivier*, quelque fosse d'hippopotame (*zee-ko-gat*), pour tâcher de découvrir quelques-uns de ces animaux.

Le 26, nous eûmes un vent agréable et frais, et le thermomètre ne fut à midi qu'à 79 deg. Nous rencontrâmes plusieurs fermiers d'*Agter Bruntjes-hoogte*, qui venoient chasser dans ces cantons. Je ne pus m'empêcher de sourire et d'éprouver en même tems un peu de confusion, en voyant ces bonnes gens nous regarder d'un air d'étonnement de la tête aux pieds ; et je ne pouvois me dissimuler que leur surprise, à la vue de notre costume, étoit aussi naturelle que la nôtre en recevant leur visite inattendue.

En effet, j'avois une barbe intacte depuis la fin du mois précédent. J'étois sans fichu de cou, la poitrine débraillée, mon chapeau tout applati, mes cheveux tressés en désordre, les faces droites, pendantes et flottant au gré des vents, un habit de toile fine et légère, dont le fond blanc étoit nuancé de mille couleurs, de graisse, de boue, de poudre à canon, de sang, etc.; mais aussi il étoit décoré de plusieurs beaux boutons de similor, dont les trois quarts étoient tombés, et, ce qui en restoit ne tenant plus qu'à quelques fils, prêts à suivre les autres. Quant au reste de mon ajustement, les jarretières de ma culotte étoient relevées et rattachées au dessus du genou; cela me donnoit plus de fraîcheur, et c'est une mode adoptée aussi par plusieurs paysans de cette contrée. Mes bas, qui étoient de laine, quoique liés aussi d'une jarretière au dessus du genou, tomboient cependant jusque sur mes talons. Ma chaussure étoit une paire de souliers de campagne à la Hottentote, avec des cordons de cuir, semblables à celui que j'ai décrit tom. 1er. (pl. I, fig. 4).

M. Immelman étoit dans le fait un fort beau garçon; il avoit un sourcil noir, un bel œil et une belle chevelure. Il portoit alors une barbe de cinq semaines, qui commençoit à friser d'une manière assez remarquable. Quant au reste de sa parure, il figuroit sur son cheval en longue robe de chambre, avec un bonnet de nuit presque blanc, une paire de larges bottes ; et, s'il m'en souvient, il étoit ce jour-là sans bas, pour tenir ses jambes au frais.

Il est peut-être nécessaire de faire ici au lecteur quelques excuses d'un si grand négligé : d'abord, pour nos barbes, nous avions un jour, par gaieté, fait vœu de n'en pas couper un seul poil, ni avec le rasoir, ni avec des ciseaux, jusqu'à ce que le sort favorable nous eût rendu l'aimable société de quelque femme blanche, ou nous eût envoyé un hippopotame à disséquer. C'étoit là notre alternative. Nous voulions aussi essayer à quel point de longues barbes orneroient ou dépareroient nos visages encore jeunes. La barbe, disions-nous, est un présent de la nature ; laissons-la croître, elle nous sauvera des rhumes, des fluxions ou des maux de dents, pendant les nuits fraîches ; il est du moins probable qu'en ce climat brûlant elle protégera le bas de nos visages contre les rayons du soleil ; et qui sait jusqu'à quel point elle peut nous gagner le respect et la considération des nations imberbes, que nous allions vraisemblablement

semblablement rencontrer dans le cours de
notre expédition. Nous tenions obstinément
à notre première résolution, qui de tems
en tems égayoit nos propos. Malgré ces
belles raisons, il faut cependant avouer que
nous nous sentîmes délivrés d'un grand
fardeau, lorsque nous les eûmes enfin
abattues. Quant à notre habillement, il étoit
parfaitement adapté et à la chaleur du
climat et à notre commodité. Nous n'avions
point à craindre que nos vêtemens nous
dégradassent dans l'esprit de nos Hottentots, ni même de ceux que nous pourrions
rencontrer dans le désert. Pourquoi donc,
dira-t-on, porter des bas de laine ? C'est
qu'ils me garantissoient les jambes de la
piqûre des mouches, de la morsure des
serpens, et des égratignures des épines et
des branches d'arbres. M. Immelman trouvoit que des bottes remplissoient mieux le
même objet. Né Africain, il s'embarrassoit
peu d'être rôti par le soleil, et pour empêcher ses cheveux de retomber sur ses
yeux, il montoit toujours à cheval en bonnet
de nuit.

Le 27, à sept heures du matin, le thermomètre étoit à 60 degrés. La nuit précédente
nous avoit semblé très-fraîche. A midi il

Tome II. Z

1775.
Décemb.

étoit à 95, à cinq heures, à 83. Alors il survint une forte ondée de pluie, accompagnée de tonnerre et d'éclairs. A neuf heures du soir il étoit à 79 degrés.

Le 28, je passai à gué la grande *Vish-rivier*, et j'examinai plusieurs têtes d'hippopotames ; je les trouvai parfaitement conformes à la description et à la figure qu'en a donné M. de Buffon.

Je me sentis alors incommodé d'une douleur accompagnée de gonflement, immédiatement au bord du sternum. Elle me fit beaucoup souffrir ; mais dans l'espace de quelques jours je ne la sentis plus ; elle n'étoit probablement que l'avant-coureur de la goutte, dont j'avois déja ressenti quelques atteintes aux pieds. Cette maladie si importune, sur-tout pour un botaniste qui voyage à travers de vastes déserts, étoit probablement la suite de mes fatigues quelquefois immodérées. Au moins un de nos chevaux, à son retour au Cap, fut attaqué d'une espèce de goutte ou de douleur dans les pieds, avec des enflures dans les jointures du pâturon : mal qui lui venoit surement de la même cause.

Le jour précédent nous avions mangé notre dernier biscuit, et las d'attendre en vain les hippopotames, notre patience étoit presque aussi épuisée que notre coffre à pain. Nous prîmes donc le parti de diriger dès le lendemain notre marche vers quelque terre habitée par les Chrétiens.

Le 29, nous fûmes conduits par nos Boshis, de la grande à la petite Vish-rivier. Cette contrée étoit couverte d'arbres épineux (le *mimosa nilotica*) qui, quoique assez clair semés, ombrageoient la terre et lui donnoient une certaine fraîcheur. Elle étoit même à-peu-près couverte de gazon, ce qui formoit une perspective de verdure agréable. Nous y vîmes nombre de *spring-bok*, de *quagga*, de *hart-beest*. Nous tuâmes un jeune hart-beest femelle. Je remarquai que les fibres et les muscles de cet animal conservèrent un mouvement convulsif et frissonnant, même plusieurs minutes après que l'animal fut coupé en pièces. J'avoue que jusqu'à ce moment je n'avois rien observé de semblable sur le *hart-beest*, ni sur aucun autre animal.

FIN DU SECOND VOLUME.

EXPLICATION
DES PLANCHES
RELATIVES AUX TERMITES.

PLANCHE I, *fig.* 1. Le nid en monticules des termites belliqueux, décrit   page 113

   a a a Tourelles qui leur servent à élever et à agrandir les monticules.   116

  Fig. 2. Une section de monticule, *fig.* 1, tel qu'il paroîtroît s'il étoit coupé par le milieu, depuis le sommet jusqu'à un pied au dessous de la surface de la terre.

  AA Une ligne horizontale du point A sur la gauche, et une perpendiculaire du point A en bas, se croiseront à la chambre royale.   124

Les parties plus ombrées qui l'environnent, sont les appartemens et passages. Ils semblent n'être laissés vides que pour les serviteurs du roi et de de la reine, qui, lorsqu'ils sont vieux, ont besoin de près de cent mille serviteurs chaque jour.

Les parties qui sont moins obscures et moins serrées, sont les nourriceries, entourées de tous côtés, comme la chambre royale, de passages vides, afin que les serviteurs puissent plus aisément porter à ces nourriceries les œufs de la reine, des provisions pour les petits, etc.

Nota. Les magasins de provisions sont situés sans aucun ordre apparent parmi les passages vides qui entourent les nourriceries.   121

B Le sommet de l'édifice intérieur qui, par les arcades dont il est couvert, paroît comme s'il étoit orné de crénaux antiques. Page 126
C Le plancher de l'aire ou nef. 125
DDD Les grandes galeries qui montent en spirale de dessous terre jusqu'au sommet. 128
EE Perpendiculairement au dessus sont les ponts. 129

Fig. 3. Un monticule qui se forme, commençant par deux tourelles. 116
Fig. 4. Un arbre avec le nid des termites des arbres et leur chemin couvert. 134
FFFF Chemins couverts des termites des arbres. 134
Fig. 5. Une section du nid des termites des arbres. 134
Fig. 6. Un nid des termites belliqueux sur lequel sont montés des Européens, qui semblent observer un vaisseau en mer.
Fig. 7. Un taureau en sentinelle sur un de ces nids, tandis que le reste du troupeau rumine au dessous.
GGG Palmiers d'Afrique. C'est avec leurs noix qu'on fait l'*oleum palmæ*.

Pl. II. *fig.* 1. Une section transversale d'une chambre royale. 173
a a Les minces côtés de la voûte, où sont les entrées. 173
Fig. 2. Une section en longueur, d'une chambre royale.
b Les entrées.

Z iij

A La porte fermée telle que les travailleurs l'ont laissée. Page 173

Fig. 3. Une chambre royale vue de face. *Idem.*

Fig. 4. La même chambre royale représentée à l'instant où elle est ouverte, laissant voir la reine et ses serviteurs courant autour d'elle *Idem.*

b b, Une ligne droite de *b* à *b* suivra la rangée de portes ou entrées. 119

AAA Une ligne tirée d'A à AA croisera la porte qui est toujours demeurée fermée, comme on l'a trouvée. Les autres sont représentées comme elles sont depuis que le mortier, dont elles étoient bouchées, en a été en partie ou totalement enlevé avec un petit instrument. 173

Fig. 5. Une nourricerie. 121

Fig. 6. Une petite nourricerie avec les œufs, les petits, les mousserons et la moisissure, etc., au moment où ils sont tirés hors du nid. 122

Fig. 7. Les mousserons vus à travers une bonne lentille. 123

Pl. III. *fig.* 1 et 2. Les nids tourelles du *termes mordax* et du *termes atrox*, avec les toits achevés. 131

Fig. 3. Une tourelle avec le toit commencé.

Fig. 4. Une tourelle à moitié élevée.

Fig. 5. Une tourelle rebâtie sur une autre abattue.

Fig. 6. Une tourelle rompue en deux.

Pl. IV. *fig.* 1. Un termite belliqueux. n°. 1 et pag. 105

Fig. 2. Un roi. 150

Fig. 3. Une reine. Page 148
Fig. 4. La tête d'un insecte parfait, vue au microscope. 140
Fig. 5. Une figure du même insecte avec les (*) *stemmates*, vue au microscope. 140
Fig. 6. Un travailleur. 138
Fig. 7. Un travailleur vu au microscope.
Fig. 8. Un soldat. 139
Fig. 9. Les pinces d'un soldat, et une partie de sa tête, vue au microscope.
Fig. 10. Le *termes mordax*. n°. 2 et page 105
Fig. 11. Sa figure avec les *stemmates*, vue au microscope.
Fig. 12. Un travailleur.
Fig 13. Un soldat.
Fig. 14. Le *termes atrox*. n°. 3 et page 105
Fig. 15. Sa figure et ses *stemmates* vus au microscope.
Fig. 16. Un travailleur.
Fig. 17. Un soldat.
Fig. 18. *Idem.*
Fig. 19. Le *termes destructeur*. n°. 4. et page 105
Fig. 20. Sa figure et ses *stemmates* vus au microscope.
Fig. 21. Le *termes arborum*. n°. 5 et page 105
Fig. 22. Sa figure et ses *stemmates* vus au microscope.
Fig. 23. Un travailleur.
Fig. 24. Un soldat.
Fig. 25. Une reine. 148

* Dans les figures 5, 11, 15, 20 et 22, les deux points blancs entre les bords ou côtés sont les *stemmates*.

TABLE DES MATIÈRES

CONTENUES DANS LE IIe. VOLUME.

CHAP. VIII. *Continuation du voyage à travers Lange-dal.* Départ de Houtniquas. L'auteur s'égare avec son cheval, passe la nuit au bel air, exposé à une pluie violente. Artaquas kloof. Le canton infesté par une herbe dysurétique. L'auteur obligé de passer la nuit dehors, par d'innombrables essaims de mouches, dont les murs de la maison étoient couverts. Manière curieuse de les prendre et de les tuer. Méprise de M. Mason dans les transactions philosophiques. L'arbuste de *Canna*, nouvelle espèce de *salsola*; sa description. Manière de fertiliser le pays le plus aride. Ragoût de perdrix à la nouvelle mode. Moutons extraordinairement gras, dont les queues pèsent plus de douze livres. L'auteur saigne un Hottentot. Un Hollandois compatissant. Lamentations des femmes hottentotes sur un agonisant, qui revient à la vie. Loutres et poissons d'Afrique. L'auteur trompé par une femme de fermier, dans l'achat d'une paire de bœufs. Une femme dont l'uterus est tombé. L'auteur s'égare encore. Mauvais procédé de quelques Hottentots. Son cheval s'embourbe avec lui. Bergers princes. Misérable condition des Hottentots fugitifs. Monceaux de pierres. Fosses pour attraper de gros gibier. Hottentots des montagnes. Une petite Hottentote qui déserte. Lézard noir. Animaux nommés *dasses* ou blaireaux.   Page 26

CHAP. IX. *Suite du voyage, de Lange-dal à Sitsikamma, et de là à la rivière de Zee-koe. Kromme-rivier. Eschenbosh.* Le *pneumora*, insecte qu'on suppose ne vivre que d'air. Il approche, quand on l'appelle. *Hommes-boshis* qui se régalent de chair d'éléphant. Description et mesures de l'animal. Comment il fut tué par deux fermiers. Discussion sur la meilleure manière de chasser les éléphans. Un homme attaquera seul une troupe d'éléphans. L'éléphant cesse de fuir quand il est blessé. De quelle manière il nage. Il est par fois dangereux de les rencontrer. Anecdotes relatives aux éléphans. Etrange anecdote rapportée par la Caille. Accouplement des éléphans. On ne les a jamais vus en copulation. Deux personnes de la connoissance de l'auteur ont vu des éléphans prêts à s'accoupler. Régime de l'éléphant. Il en coûte fort cher pour les nourrir apprivoisés. Les usages auxquels ils peuvent être employés. Les Nègres en achètent les queues fort cher, par quelques motifs de superstition. Description des queues d'éléphans. Dents fossiles d'éléphant. Os de *Mammout* trouvés en Sybérie, ne sont autre chose que des dents d'éléphans. Improbabilité des systèmes de quelques naturalistes. Emigrations du *mus lemmus* et d'autres animaux, viennent à l'appui de l'opinion de l'auteur. Divers traits de la sagacité des éléphans. Naufrage du *Doddington*, vaisseau de la Compagnie des Indes, sur la côte d'Afrique. Ceux qui se sauvent sont volés par les Hottentots. Un capitaine hollandois envoyé du Cap pour faire des perquisitions sur la cargaison naufragée, revient à dessein sans avoir rien fait. Une fièvre bilieuse règne parmi les Hottentots. Etrange méthode employée par l'auteur pour les guérir. Bal hottentot. Danse des abeilles, danse des babouins. Polygamie des Hottentots. Situation misérable d'un vieux Hottentot polygame. Cérémonies du mariage qui s'accomplissent en aspergeant d'urine le marié et la mariée. Leur manière d'enterrer les morts. Ils enterrent vivans et abandonnent tous les enfans qui ont perdu leur mère. Ils laissent mourir de faim les Hottentots vieux et inutiles. Ce qui peut pallier leur crime. Préparatifs pour traverser le désert. Fourmis blanches mangées par les Hottentots. Les Hottentots croient que les essaims de sauterelles dont la terre est quelquefois couverte, leur sont envoyés pour leur nourriture. Soupe aux sauterelles. Ces animaux sont peut-être utiles en ce qu'ils nettoient les campagnes. Page 102

RELATION sur les termites, par M. Smeatman. 103--180

CHAP. X. *Continuation du voyage, de Zee-koe-rivier à Kleine-zondags-rivier.* Ils se mettent en marche. Camtours-rivier. Description du capitaine hottentot *Kies*, avec lequel *Platt-je*, hottentot de l'auteur, agit sans cérémonie. Ils rencontrent un fermier qui leur annonce une grande sécheresse, et qu'il a rencontré une horde de Caffres. *Galge-bosh.* Ils n'y trouvent point d'eau. Rivière de *Van Staades.* Ils reçoivent la visite de quelques Hottentots-*Gona-*

quas. Description de leurs personnes, habillemens, etc. Les Hottentots tirent au blanc avec leurs javelines; ne sont pas extraordinairement adroits à cet exercice. On fait une liqueur enivrante, d'une sorte de grain appelé *bolcus-sorghum*. Leur chariot en danger de sauter en l'air, par l'inadvertance d'un Hottentot qui mit le feu à des herbes sèches. Ils rencontrent des chasseurs. La Saline. Description du *cimex paradoxus*, ou insecte folliculaire. M. Immelman crache le sang. Il court grand risque d'être heurté par des bêtes à cornes. Poules de Guinée. Ils apperçoivent les bords de *Zondags-rivier*. Ils engagent plusieurs *Boshis* à les accompagner dans leur voyage. Ils donnent la chasse à une espèce extraordinaire de sanglier. Description de ces animaux. Hottentots-Caffres. Leurs danses et leurs chansons. Voluptueuses pratiques des jeunes gens durant la danse. Blessures envenimées. Terrines à lait curieuses. La manière de traire des Hottentots-Caffres. La circoncision en usage parmi eux. Ils finissent leurs journées par des danses et des chants. Hottentot-Caffre, sorcier et bien payé; l'auteur devient un peu sorcier. Queues de renards servent d'éventails. Le Hottentot de l'auteur tue un buffle. Page 227

CHAP. XI. *Suite du voyage, de la petite rivière de Zondægs à celle des hommes-boshis.* Concert de lions. L'auteur décrit leur rugissement. Préparatifs contre leurs attaques. Les animaux craignent le lion par instinct, et le sentent de très-loin, lors même qu'il ne rugit pas. Les lions sont en petit nombre, en comparaison des autres animaux; sont moins hardis depuis que les Hollandois ont introduit dans ces contrées l'usage des armes à feu; ne tuent pas l'homme dès qu'ils le tiennent, excepté en cas de résistance; n'attaquent pas ouvertement les autres animaux, excepté lorsqu'ils sont irrités ou affamés. Ils mesurent la longueur de leur saut, lorsqu'ils ont manqué leur proie. Ils choisissent leurs repaires au bord des rivières. Bruit effrayant que fait un bœuf de trait en éventant le lion. Stratagême par lequel un Hottentot échappe à la griffe d'un lion. Le lion donne fréquemment des signes de poltronnerie. Un lion lâche sa proie sans lui faire de mal. Se contente quelquefois, si c'est un homme, de le blesser. Par quels motifs il agit ainsi. Un fermier poursuivi par un lion. Grande force de cet animal. Il n'est pourtant pas assez fort pour vaincre un buffle, sans avoir recours à la ruse. Moyen qu'emploie un lion pour traîner un buffle. Un buffle femelle tient en échec cinq lions qui n'osent l'assaillir. Le lion est aisément déchiré en pièces par une douzaine de chiens ordinaires. Les chevaux aiment à chasser les lions et les autres bêtes féroces. Description d'une chasse au lion. Les Colons le chassent avec ardeur. Il n'est pas difficile à tuer à coups de fusil. Sa peau est tendre et pénétrable. Leur principal Hottentot tireur tue un buffle. Description du buffle. Les Hottentots croient que ce sont de mauvais esprits qui déchirent les oreilles de ces animaux. Le buffle est traître et cruel. Il aime l'eau et à se vautrer dans la fange. Veau buffle. Les veaux-buffles pourroient être apprivoisés. Leur chair bonne à manger. On ne peut les tuer avec des balles de plomb

seul. Quelques chasseurs détruisent, uniquement pour leur plaisir, une énorme quantité de gibier. Gloutonnerie des Hottentots. Ils s'amusent à lancer contre leurs maîtres des épigrammes dans leur langage. Ils fument de la fiente de vache, faute de tabac; sont extraordinairement paresseux et difficiles à gouverner. *Page* 275

CHAP. XII. *Suite du voyage, de la rivière des hommes-boshis à Quammedacka.* Bois sternutatoire à *Niez-hout-kloof.* Le titre de docteur conféré à l'auteur en son absence. Un chasseur aux mouches en danger d'être empalé, comme il empaloit ses insectes. Chasse au buffle. Malpropreté des Hottentots. Se peignent les joues pour plaire au beau sexe. Combat amoureux de deux chats-tigres. Petites autruches. Des eaux rances. Propreté d'un jeune Hollandois. Description du *sprink-bok.* Cet animal saute fort haut, et se déploie quand on le poursuit. Il est fort léger à la course. L'étang ou fontaine de *Quammedacka.* L'auteur cherche en cet endroit le *rhinoceros bicornis. Kolbe* n'a jamais vu cet animal. Cruauté de l'auteur envers quelques petits oiseaux mourans de soif. Il est alarmé toute la nuit par un lion. Les racines d'une espèce de pourpier sont fort bonnes, mangées crues, ainsi que celles du *da-t'kai.* Les Hottentots tuent deux rhinocéros. La manière dont ils apprennent cette nouvelle à l'auteur. L'auteur et son ami courent grand risque d'être poursuivis par un rhinocéros. Ils rencontrent une troupe d'élans, ensuite une compagnie de Colons. *Page* 326

CHAP. XIII. *Suite du voyage, de Quamme-dacka à Agter-Bruntjes-hoogte.* L'auteur chasse deux lions. Nid d'autruche. L'autruche mâle aide la femelle dans l'incubation. On fait en Afrique usage de leurs plumes pour chasser les mouches. De leurs œufs on fait des omelettes. Mais ils ne valent pas ceux de poules. Quelques remarques critiques sur ce sujet et sur la peau de cet oiseau. Son cri ressemble à celui du lion. Le prophète Michée a donc eu raison de le nommer terrible. Les petits n'ont aucun cri. Les autruches deviennent domestiques. On pourroit les former à porter des fardeaux. On les trouve principalement dans les pays *Carrow*. Chasse au buffle. Hottentots chargés de chair. Situation désagréable de l'auteur surpris par la nuit et par la pluie, loin de son chariot. Description du *gnu*; sa classification. Le *gnu* est un animal fort méchant. Ils célèbrent la fête de Noël dans le désert. Ils rencontrent quelques Colons. Description de la parure et de la figure de deux voyageurs. Crânes d'hippopotames. L'auteur indisposé, lui et sa compagnie commencent à manquer de pain. Mouvemens convulsifs dans les muscles d'un *hartbeest* mort. Page 355

Fin de la Table.

ERRATA DU TOME SECOND.

Page 25, *ligne* 10, *après le mot* délicat, *mettez un point au lieu d'une virgule.*

33, . . . 2, fermes, *lisez* ferme.

70, . . . 23, A l'instant le pauvre, *lisez* Alors le pauvre.

78, . . . 11, le fruit ets, *lisez* le fruit est.

81, . . . 25, s'indroduire, *lisez* s'introduire.

95, . . . 22, nommé *Pattje*, *lisez* nommé *Plattje*.

106, . . . 19 et 20, une certaine période, *lisez* un certain période.

146, . . . 3 (à la note), Frabicius, *lisez* Fabricius.

248, . . . 14 et 15, lâche, baisse l'oreille, *lisez* lâche, qu'il baisse l'oreille.

Ibid. . . . 16, *supprimez le mot* qu'il.

294, . . . 3, reviennent, *lisez* s'avancent.

345, . . . 24, mienne; *après ce mot mettez une virgule seulement.*

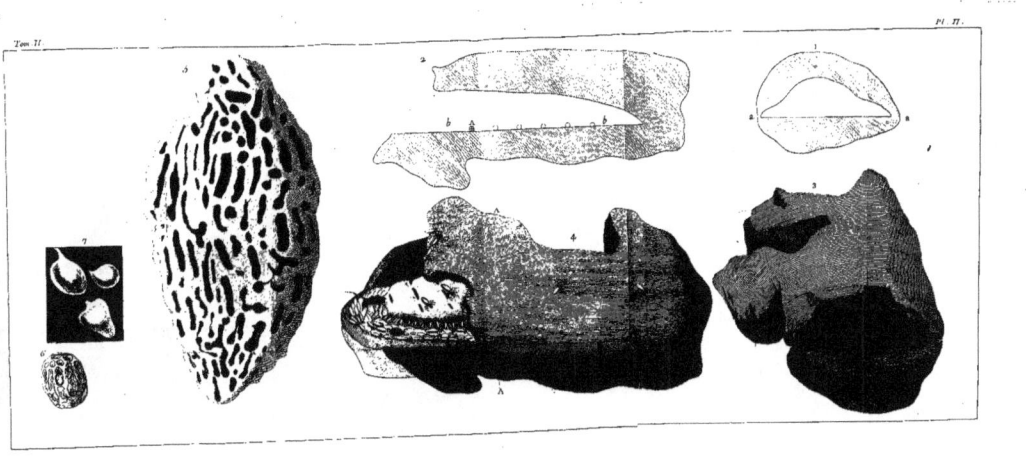

Tom. II. Pl. III.

Tom. II Pl. IV.

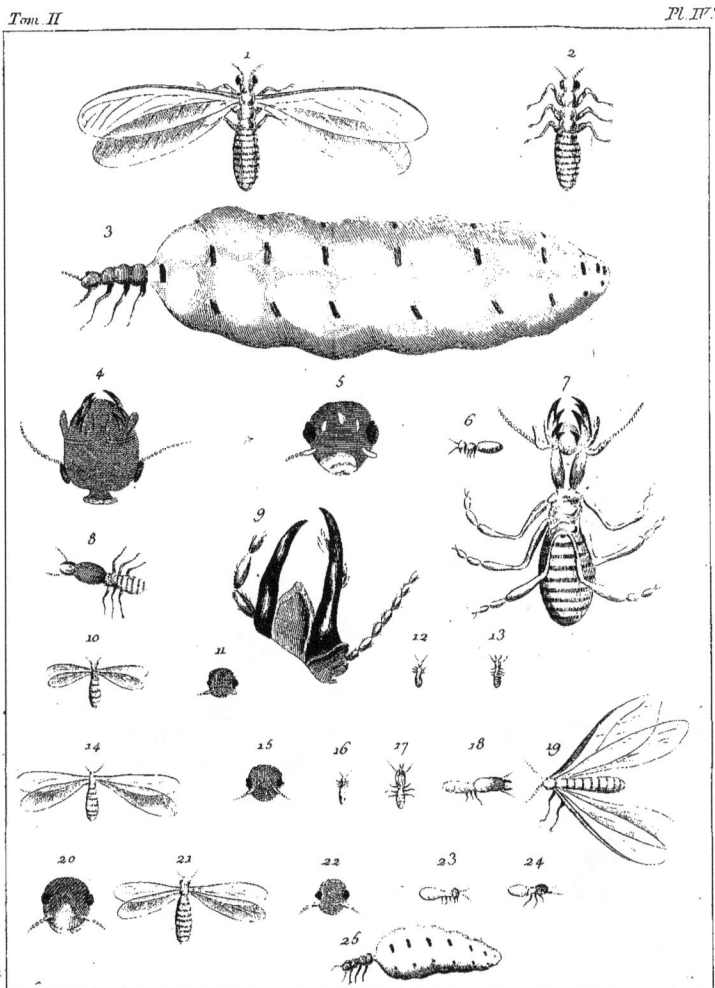

Spring-bok ou Bouc Sauteur.

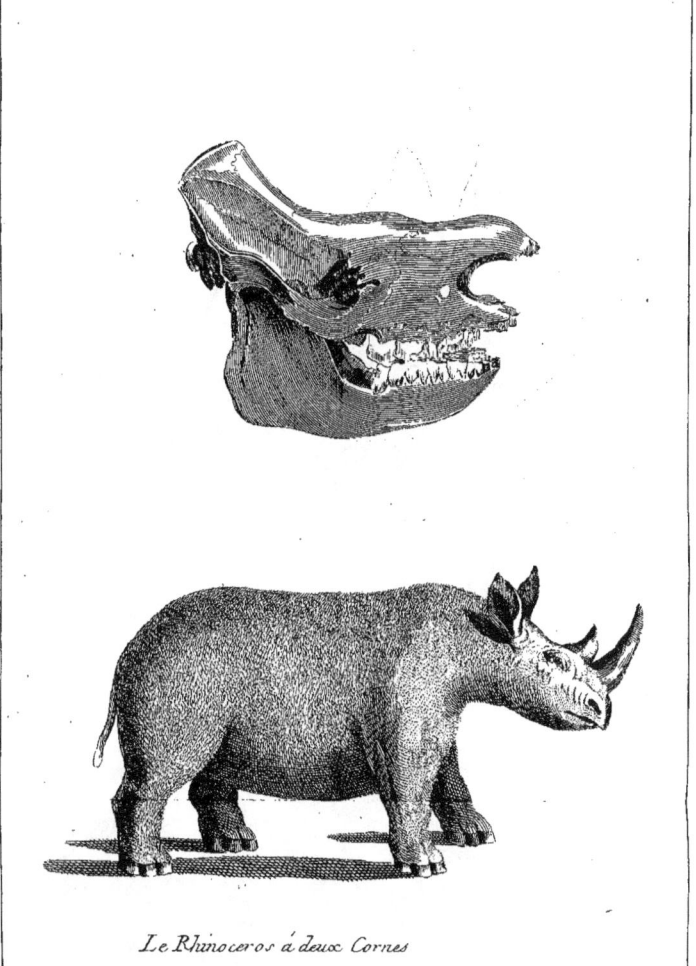

Le Rhinoceros à deux Cornes

www.ingramcontent.com/pod-product-compliance
Lightning Source LLC
Chambersburg PA
CBHW060613170426
43201CB00009B/1000